全国高等院校应用型艺术设计专业十三五规划教材

版式设计

单筱秋 编著

高清图

扫码下载
作业案例

扫配套精美 PPT
码下载

南京师范大学出版社
NANJING NORMAL UNIVERSITY PRESS

图书在版编目（CIP）数据

版式设计 / 单筱秋编著 . —南京 : 南京师范大学出版社 , 2020.2

（全国高等院校应用型艺术设计专业十三五规划教材）

ISBN 978-7-5651-3776-1

Ⅰ . ①版… Ⅱ . ①单… Ⅲ . ①版式 – 设计 Ⅳ . ① TS881

中国版本图书馆 CIP 数据核字 (2018) 第 119001 号

书　　名	版式设计	
从 书 名	全国高等院校应用型艺术设计专业十三五规划教材	
编　　著	单筱秋	
责任编辑	杨　洋	
出版发行	南京师范大学出版社有限责任公司	
地　　址	江苏省南京市玄武区后宰门西村 9 号（邮编：210016）	
电　　话	（025）83598919（总编办）　83598412（营销部）　83373872（邮购部）	
网　　址	http://press.njnu.edu.cn	
电子信箱	nspzbb@njnu.edu.cn	
照　　排	南京观止堂文化发展有限公司	
印　　刷	江苏凤凰通达印刷有限公司	
开　　本	787 毫米 ×1092 毫米　1/16	
印　　张	12.25	
字　　数	181 千	
版　　次	2020 年 2 月第 1 版　2020 年 2 月第 1 次印刷	
书　　号	ISBN 978-7-5651-3776-1	
定　　价	59.80 元	

出 版 人　彭志斌

前言

　　版式设计是现代艺术设计的重要组成部分，也是视觉传达设计专业的基础课之一。本版《版式设计》以本科教学大纲为基础，在遵循教学体系"科学性""严谨性"的同时，通过更加国际化的视角，融入现代西方版式编排的设计理念，力求呈现出"系统性""应用性"和"趣味性"，培养学生的创造性思维和设计实践能力。

　　本教材共划分为六个章节，通过引入版式的作用与历史形态发展，让学生对版式设计的历史形态有整体的认知，对初学者的改良创新有所帮助；通过色彩编排与图片编排的讲解，让学生了解版式设计的基本元素特征及其编排使用技巧；通过文字编排、网格编排和自由版式编排的方法传授，让学生切入三种不同类型的版式设计的实践中——纯文字版面、图文混排的网格版面和图文混排的自由版面，对不同类型的版面设计的侧重点及设计原则进行清晰的归类划分，使学生一目了然，更好地掌握其相关知识。另外，本书根据每个章节特点，针对性地设计了相应的作业训练，结合理论与实践，由浅入深，让学生在潜移默化中掌握设计方法，从而对版式设计有更为全面、广泛、深入的了解和认识。

　　在本书编写的过程中，主要有以下几点考虑：

　　一、参考了大量的国内外相关资料，搜集了近千张高清彩图，充分展现版式设计的特征与美感，在列举案例进行分析与阐释的同时，深入挖掘案例背后的设计理念与方式方法。

二、结合笔者的学习经历，将美国高校版式设计训练方法与我国高校教学大纲相结合，按照中文编排的特点，设计出了一套完整的、系统的版式设计作业，作业不但有要求，更有清晰的训练目的，并根据该训练需要达到的能力水平，提供了明确的训练素材。作业之间环环相扣，循序渐进，非常适合初学者进行练习。

三、与国内同类教材相比，本书突出了文字在版式设计中的重要性，并首次加入有关西文字体编排的理论知识，包括西文字体发展的时间轴线、不同的字体与字号大小的特点展示以及实际应用，以供学生查阅参考。

四、从读者实际需求出发，结合图书的数字化资源设计与运用，将本教材中的所有作业素材都制作成电子资源，统一打包进电子文件，通过扫描下载，可直接在电脑端进行调用。

本教材适用于全国各高等院校及高职、中职学校的艺术设计专业学生以及广大设计爱好者。由于编者水平有限，有不当之处敬请读者不吝赐教。

目录

本章学习的重点是版式设计的发展
历程，即从东西方早期的版面形态
到近代版式设计、从现代主义浪潮
中的版式设计到信息时代版式设计
的广泛应用。

本章内容的主要目的是让读者能够
了解版式设计在近几个世纪以来的
发展历程及变化，意识到更多的设
计创新其实是对过去作品的改良及
对过去设计手段的重新运用，为后
续版式设计的学习打下良好的基础。

第一章

版式设计概述

1

第一节 版式设计的作用

版式设计是指结合设计主题和视觉需求，在预先设定的有限版面内，根据特定的信息需要，运用形式原理有组织、有目的地组合排列文字、图像、图形、符号、色彩、尺度、空间等元素的设计行为与设计过程。版式设计的应用范围非常广泛，涉及报纸、刊物、书籍、产品样本、挂历、展架、海报、易拉宝、招贴画、唱片封套、网页以及手机界面等各个领域。

版式设计是平面设计的重要组成部分，也是视觉传达的重要手段。其目的和意义可以归结为以下两点：第一，在限定的空间内运用好的创意和表现手法对平面的主要视觉元素——文字、图像、图形和色彩进行选择性组合，最终传递准确的信息和中心思想；第二，在正确传递信息的同时，让观众获得艺术的熏陶和美的享受。版式设计不仅是一种技能，更实现了技术与艺术的高度统一，是现代设计师的基本功之一。

好的版式可以更好地传达作者想要传达的信息，也可以加强信息传达的效果，增强易读性。随着社会的发展，现在的版式具有简单化、个性化、图形化的趋势。在如今这个信息爆炸的时代，人们的阅读时间并没有因为信息的增加而增加，恰恰相反，在快节奏的生活中，快速浏览或读图成为新的阅读趋向，这使得人们越来越倾向于抛弃过于花哨的版面，转而追求简化的版式设计，以求得使用上的方便、节省时间。

简约体现了现代版式设计的特点，即与现代社会的生活节奏和现代审美观念相吻合；易读则体现了以人为本、为读者服务的理念，即与现代读者的阅读习惯相一致。当然，简约不等于简单，它有内在的规律可循；简约也不等于墨守成规，它要紧跟时代的步伐。

在版式设计中追求新颖独特的表现，有意制造某种神秘、无规则、不理性的空间，或者以追求个性的表现形式来吸引读者，引起共鸣，乃是当今设计界在艺术风格上的发展趋势。这种风格，摆脱了陈旧

《隔间》封面设计，简单的文字排列，书名一目了然。

与平庸，给设计注入了新的生命。

　　在版式设计中，除图片本身具有趣味外，元素之间再进行巧妙的摆放和搭配，可营造出一种奇妙的空间环境。在很多情况下，图片平淡无奇，但经过巧妙组织后，就会产生神奇美妙的视觉效果。

　　通过文字的图形化编排所制造的幽默、风趣、神秘等独特形式，正在当今设计界流行。这种设计手法，给版面注入了更深的内涵、更丰富的情趣，使版面进入了一个更新更高的境界，从而产生了新的生命力。

设计师 Ian Jepson 创作的字体插图海报，极具个人风格。

海报中将文字缩小连续排列，并形成弯曲的线条，图形感十足，吸引眼球。

第二节　版式设计的发展

一、早期的版式形态

1.中国早期版式形态

对于版式设计来说，有两个因素对其发展演变产生了重要影响，一个是图形和文字的载体，另一个是特定的历史文化背景。

（1）甲骨文版式

甲骨文是中国已知最早的书迹，它是汉字方块化最初构形，同时也是汉字书写的最初版面形式。甲骨文的版面形态没有统一的格式，行文大多居于甲骨的中部，有的依甲骨的走势顺形刻制，呈不规则形态；有的则将文字规划在某一区域内，呈一定的秩序性。

（2）铭文版式

铸于青铜器上的文字叫铭文，又称钟鼎文。因为受材料因素的制约，铭文排列的间距不像甲骨文那样随意，有着较为严格的限定，画面显得很有秩序，其编排方式与甲骨文一样都为纵向排列。

（3）石鼓文版式

秦朝石刻文字因其刻石外形似鼓而得名石鼓文，是我国最古老的石刻。石鼓文作为秦代小篆的代表，已经和今天的汉字并没有多大区别，笔画规整，字距与行距无太大的差距，纵向与横向较为均匀，文字的起始与先前的金文书写习惯一致。

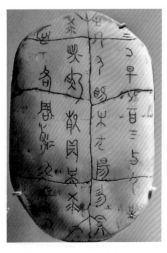
甲骨文

刻在青铜器上的金文

石鼓文

（4）简册版式

简是狭长的竹片，若干竹片编连起来就叫作"简策"，也可以写作"简册"。由于竹片较窄，横向每行能书写的字很少，只有竖向书写才比较合适，加上简册自右向左卷起，最终形成了古代汉字自上而下、从右向左的书写习惯。

（5）帛书版式

帛书的材料为丝织品，为了模仿简册自上而下排列的书写规律，古人在缣帛上织画边栏界行，使得字行间距大致相同，版面看起来端庄整齐。帛书的特点是易于携带、轻便，但是它昂贵，易损坏，难保存，所以并没有在民间大范围使用。

（6）纸质书版式

东汉蔡伦改进了造纸技术，随着纸产量的扩大及使用的普及，纸逐步代替了笨重的简册和昂贵的缣帛。

中国传统纸质书的形态有很多种，从卷轴装到线装，无论形态怎样变化更迭，都保留了简册和帛书的版面特点，形成固定的、独有的、自上而下、自右而左的竖式版面结构。

古籍内页的版面中有许多线条，其功能首先是规范版面，让文字和图片可以按各自的功能排列；其次是方便装订，并可以对版面起到一定的装饰作用。版面中围成版框的线为"栏线"，"栏线"有单线和双线之分，双线一般外粗内细，又称为"文武线"，上栏之外的空白处为"天"，称为"天头"，下栏之外的空白处为"地"，称为"地脚"，古人认为天大于地，故"天

简册　　　　　　　　　　王马堆帛书

头"一般大于"地脚"。版框左栏或右栏外上角的小长方格，像是人的耳朵，叫作"书耳"。"栏线"内的直线称为"界行"，是由古代帛书中的乌丝栏而来。由于单面印刷，中缝折处有书口、版心、上鱼尾、下鱼尾等，方便以此为参照折叠页面。

版框外留空较大，即书品宽大，有助于保护栏线内正文。又因为自明代起，中国的文人有在书的天头、地脚处书写批注的习惯，因此版面阔大更加受到推崇，版面形态便发生相应变化，成为中国古籍版式的一大特色。

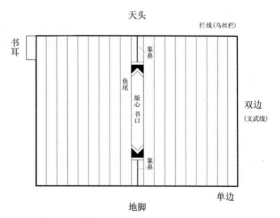

中国古代版式

2. 西方早期版式形态

（1）古埃及莎草纸书版式

古埃及人用生长在尼罗河三角洲的一种类似芦苇的莎草科植物为材料，取其茎髓切成薄片，压干后连在一起制成莎草纸，用芦苇茎为笔书写文字，写成后卷起，成为莎草纸书。古埃及的莎草纸书的特点在于利用象形文字和版面已有的区域进行综合布局，通过横向或者纵向布局，使文字与精美的插图相呼应，版面的视觉形式非常丰富。

古埃及人的《亡者之书》

画面中文字竖向排列，与图形紧密结合。画面内容讲述的是死者亡灵接受奥西里斯审判的场景，又被人称为"称量灵魂"。画面的上方是法官，头戴代表真理的羽毛，正中央的是阿努比斯（Anubis）神，他在天平的一侧放入死者的心脏，另一侧放上代表真理的羽毛，由文字神托特记录称量的结果。如果死者的心脏因罪恶多端而超重，旁边狮身鳄首的恶魔就会吃掉死者的心脏；如果称量合格，死者的亡灵就会在灵界过上幸福的生活。

《亡者之书》

（2）欧洲中世纪手抄本版式

从文字风格及版面设计上看，手抄本经历了早期拜占庭时期、凯尔特人的装饰性绘画时期和卡洛林文艺复兴时期，这些制作精美的手抄本具有两个明显的特征：一是用插图的形式表现文字内容，二是版面中的装饰元素非常多，在主要文字和标题上反复装饰，页眉和页脚均有经过装饰的大写字母。整个版面构图饱满、造型丰富、色彩华丽，这些版面特征对后世的版面编排设计产生了深远的影响。

在手抄本的制作上，羊皮纸取代了之

前由古埃及传入欧洲的莎草纸，书写材料
也由芦苇笔变成了鹅毛笔，并且以平放式
装订取代了莎草纸书的手卷式装订。一些
手抄本还使用金银珠宝等贵重材料来装饰
封面。

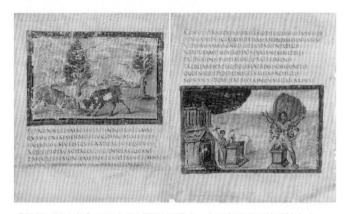

《梵蒂冈维吉尔》是拜占庭时期的手抄本，也是存世最早的手抄本之一。
书中的文字为方形，字迹工整，插图居于文字的上方、中间或者是下方，
具有典型的罗马古典主义风格。

《凯兰书卷》（或译《凯尔经》）是爱尔兰凯尔特人的装饰性绘画时期的代表作品，由苏格兰西部爱奥那岛上的
僧侣绘制，被认为是凯尔特插图的典范、爱尔兰的国宝。书中内页版式设计往往配有镶框，开篇配有精美的插图，
有的是缠绕的植物图案，从开篇的首字母延伸出来包围住整页的文本，其细致程度甚至需要借助放大镜才可以看
清楚。某章节首字母"X""P"，描绘极其绚丽、醒目。

《洛尔施福音》是卡洛林文艺复兴期重要的艺术遗产，书中常见的图案是以细小的花朵和枝叶环绕版面四周，加上飞禽以及一些来自远古的小人物和小爱神，并使用了相当多的天然颜料加以调配填入。文字从左右向排列，或图文相绕，或字图结合，这种以文字为主、插图为辅的编排方式，是这一时期版面设计的一大特色。同时，版面多追求一种绝对对称，给人以严肃和庄重的感觉。《洛尔施福音》内页版面多以对称形式为主，书中插图与文字都非常精美。

（3）金属活字印刷出现后的版式

15世纪的欧洲在经历了长期落后的中世纪之后，进入了政治、经济、文化迅速发展的时期，日益增多的大学、中产阶级的兴趣、城市化进程与宗教的普及，使书籍的需求量增大，而手抄本已经无法满足这样巨大的需求了。因此，欧洲各国都开始寻求新的、高效率的印刷方法。真正把活字印刷技术发展完善，并使之成为现代印刷的主要方法的是德国人约翰·古腾堡（Johannes Gutenberg）。他用了十多年的

时间，于1455年左右，印刷出他的第一本页数不多的书，这本书是《圣经》的片段，又被称作《古腾堡圣经》或者《42行圣经》，因为它的每页有42行，这也是西方历史上最早一部金属活字印刷品。

在这本印刷品中，不像以前的手抄本那样插图和文字混合编排，而是分两栏编排文字，插图与文字分别放在不同的页面上，版面看上去编排工整，阅读方便，成为标准的版面模式。

这个时期的版面设计也有了比较清晰的定义，就是利用活字印刷技术和材料结合，将各种视觉元素加以安排布局，通过机器来实现最终的版面效果，由此欧洲社会进入了图书批量生产的时代。

金属活字印刷技术的出现加速了知识的传播和人类文明的进程，奠定了欧洲现代文明发展的基石，是欧洲文艺复兴和宗教改革的先声，也是引发工业革命的关键性技术。

精美的《古腾堡圣经》中的内页版面，预示着书籍将进入批量生产的时代。

二、近代的版式形态

1.中国近代版式形态

民国是近代中国一个新旧思想交替的时期，随着西方思想文化和先进印刷技术的传入，民国时期的版式设计经历了从传统到现代、从简单到复杂、从模仿到创新的演变过程。

民国时期出现了许多不同形式的版面形态，包括传统的竖排版、西式的横排版、中西结合的横竖排版。

竖排版继承了中国传统的编排方式和自右而左的阅读习惯，但是由于印刷、装订等各方面的要求和技术改进，民国时期出版物的版面中删去了鱼尾、象鼻等装饰元素，使版面看上去更加简洁。

民国时期小学教科书的内页版式与插图，文字编排还是采用传统的竖排形式。

民国书籍《国际法典》内页，延续了从上而下、从右往左的编排习惯，并且标点符号不占用位置，一律放在字的右侧，传统版面中的界栏已经消失，版面形式更趋向西化。

横排版可以看作是对西方版式的照搬，和当今通行的版面没有太大的差别。横排版多用在工农业科学、环境科学等理工科的书籍中，这类出版物由于内文中多涉及外文专业名词和数学公式，采用横排版有利于提高阅读的便利性，有的版面还进行了分栏。

民国时期横排版书籍的文字横式排列，但依旧遵循了自右而左的阅读习惯。

横竖结合是民国时期主流的版面形式，文本为竖排，页码、页眉等是横排，这样的编排方式结合了中西版面编排的特征，多形成上下横排，而中间和左右两边竖排的形式，使版面看起来丰富多样。

上海竞文书局的图书代价券，采用的是横竖结合的排版方式，版面上方的标题字用的西式横排，中间的内容用的是传统竖排，同时还用栏线对版面进行了划分。

这一时期的报纸、杂志中均有大量的广告出现，广告的内容以烟酒、日用品为主。广告的版面正中央大多绘有彩色插图，四周印有广告词、公司名称、厂房、故事释义和诗文等，广告文字横排与竖排相结合，同时与插图相互围绕，呈现出东方与西方、传统与时尚相融合的独特风格。

鸡尾茶饮料广告，产品名称使用大号字，广告语呈波纹式自由排列并与图形相呼应，版面下方文字为竖向排列，整体传递出传统与现代相结合的意味。

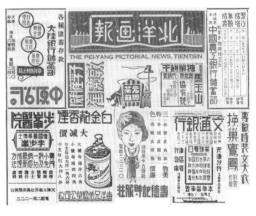

报刊《北洋画报》，版面被自由划分，标题字用反衬透底的方式，文字绕图排列，横排与竖排相结合，整体显得既活跃又不失规整。

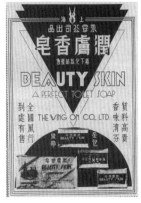

永安公司的香皂广告，版面中利用三角形及半圆形的分割形式，中英文组合编排，体现了当时社会的开放程度。

《良友》是中国历史上第一份大型生活类杂志，创刊于上海，图例为杂志的封面及广告页，版面编排既借鉴了西方文字的横向排列，又结合了传统的中文竖向排列。

民国时期的可口可乐广告，采用对称式图文编排，很好地突出了产品的外观形态。

民国时期的王老吉广告，绘制的插图为主要元素，结合横向排列的广告语，整体传递出传统与现代相结合的意味。

上海作为当时中国最大最开放的城市，有大批的欧美公司进入，外国资本家很快借鉴和运用了中国传统的民间年画中配有月历节气的模式，在月份牌中融入商品广告。月份牌的画面一开始大都是以中国传统题材的形象为主，例如中国传统山水、仕女人物或戏曲故事等，发展到后来以年轻漂亮的女性为主要形象，版面四周配以产品图画和宣传语。这个时期还涌现了一大批以画月份牌为生的画家，例如周柏生、徐咏青、杭稚英等。上海的"月份牌"画是整个民国时期生活侧面的记录。

箭鼓牌套鞋广告，人物处于画面中间，文字围绕图片横向和竖向排列，下面还画了几只大小不同的鞋子。

工商牌手电筒和电池广告

伦敦保险公司广告

阴丹士林牌布广告

南丰桂圆厂广告

民国时期的书籍装帧大多由文人兼职设计，虽然设计手法有诸多局限性，但是文学与艺术设计相结合是这个时期的一大特色，创造了许多经典的版式形象。著名作家鲁迅是中国近代书籍编排设计的开拓者和倡导者，也是五四运动后在自己的作品中讲究书籍装帧和编排设计的实践者。鲁迅亲手设计了许多书籍封面，例如《域外小说集》《呐喊》《野草》《朝花夕拾》《萌芽月刊》等，他的设计兼具装饰美和形式美，强调时代感和民族性的融合，并主张书籍装帧"天地要阔，插图要精，纸张要好"。

《呐喊》书籍封面，"呐喊"两个字被矩形围绕，巧妙地运用了正负形的设计原理。字尾处向外扩张，突出了三个"口"字，好似被围困的众人齐声呐喊。版面设计元素源自古籍，简单却具有强烈的视觉冲突，发出令人觉醒的新声。

《心的探险》版面的中间是书名和作者名，四周被六朝陵墓画像石图案填满，构图大胆新颖，寓意丰富。图案和中文字体变化结合的设计思路，体现了当时中国版面设计的一种新的形式和方法。

《华盖集续编》的封面中，"续编"两个字为印章的形式倾斜排列在"华盖集"下面。书名上方拉丁化拼音"LUSIN"是右向排列的，但是书名、出版年均左向排列，且出版年份用的是中文数字"一九二六"，显示出那个时期独有的编排特点。

《域外小说集》是翻译小说集，封面采用的是西式的横排版，在灰绿的底色衬托下，版面中间是大号的深蓝色书名，书名上方是一幅外国的插图，增加了本书的异域色彩。所有元素居中对齐，尽管是横排，但是受到竖排左向的影响，延续了自右向左的阅读习惯。

艺术家丰子恺一生的作品非常多，所绘插图受到国画技法的影响，以简单的黑白线条表现，画作独树一帜，历久弥新，深受广大读者的喜爱。他为中小学绘制教科书，包括《开明英文读本》《开明国语课本》《幼童国语读本》等，书籍封面设计构图大胆、风格鲜明，书中页面构思精心、图文呼应，一反当时课本简单枯燥的风格，为孩子们提供了有趣的阅读体验。

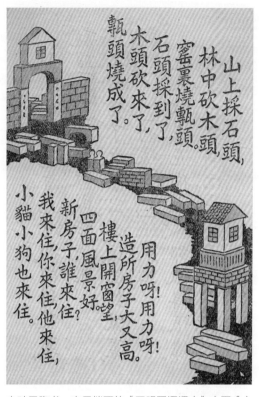

由叶圣陶书、丰子恺画的《开明国语课本》内页《大家来往》，图画与文字有机地配合，图画不单是文字的形象表达，还可以拓展儿童的想象，培养儿童的美感。

《开明英文读本》第三册封面，主体部分是一本翻开的书，上面是闪耀着光芒的太阳，下面有两个小天使在看书。文字均采用自左向右的西式横排方式。

2. 西方近代版式

（1）维多利亚时期的版式

亚历山大丽娜·维多利亚女王（Alexandrina Victoria）是整个19世纪的英国君主，她把18世纪和20世纪连接起来，创造了一个和平繁荣的稳定社会，使英国的经济政治和文化都得到很大的发展。由于生活安定，经济发展，百姓丰衣足食，人们对于艺术与审美的需求也日益增加。因此维多利亚时期的版面设计风格也体现出由于社会物质丰富而产生的对烦琐、华贵和复杂装饰效果的追求。

维多利亚时期版式设计的代表人物之一是欧文·琼斯（Owen Jones），他于1856年出版了《装饰的语法》（*The Grammar of Ornament*）一书，书中收录了大量的中东艺术及装饰图案，将伊斯兰艺术中的纹样引入西方，对维多利亚时期的设计风格产生了很大影响，这种复杂的纹样开始出现在书籍等印刷品设计上，版面的边缘装饰出现了大量烦琐的图案。

欧文·琼斯的《装饰的语法》，书中配有各种不同文化和不同时期的装饰图案，版面中图片编排整齐，内页精致美观。

（2）英国工艺美术运动中的版式

19世纪初欧洲各国相继完成了工业革命，大规模的机器生产使工业产品批量地投入市场，这些产品多数都外形粗糙简陋，缺少美感。在当时出现了这样的一种情况：少数质量上乘的精美手工艺品被社会精英贵族们享用，而批量生产的丑陋劣质产品因其价格低廉则被百姓所使用。工厂只负责生产，并不过问产品的质量与外观，艺术家们又只专注于手工制作的艺术品，导致了艺术设计与生产技术之间的脱节。于是，设计师开始提出复兴中世纪的手工艺传统，以抵制工业产品的粗制滥造，重新提升设计品位。由此，19世纪下半叶，在英国兴起了名为"工艺美术运动"（The Arts & Crafts Movement）的设计改良运动，并在欧洲范围内受到广泛响应。工艺美术运动是对当时工业化生产的巨大反思，并为以后的设计探索与发展奠定了基础。

威廉·莫里斯（William Morris）是英国工艺美术运动的主导者，他设计的版面具有很强的装饰性与形式感，画面结构多采用对称形式，受到欧洲中世纪田园风格和东方装饰艺术的影响，他喜欢在文字周围附加植物纹样从而构成精美的图文效果，形成了严谨、庄重的版面设计风格，这种设计风格又被称为古典主义设计风格。

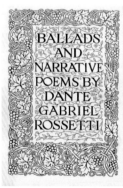

威廉·莫里斯设计的《吉奥弗雷·乔梭作品集》标题页，他将书籍的对页视作一个版面的整体，文章的首字母用藤蔓和花卉进行装饰，很好地拓展了版面的视觉空间层次，版面主次分明，张弛有度。

（3）"新艺术"运动中的版式

"新艺术"运动（Art Nouveau）是在英国工艺美术运动的影响下产生并发展的，前后长达十余年。在欧洲的不同国家，"新艺术"运动的名称也不相同，"新艺术"一词原为法文，法国、荷兰、比利时、西班牙、意大利等以此命名，而德国则称之为"青年风格"（Jugendstil），奥地利称其为"分离派"（Seccessionist）。"新艺术"运动是设计史上一次非常重要的形式主义运动，设计中大量采用植物或昆虫等自然元素作为装饰，风格细腻柔美，色彩绚丽夺目。它强调自然中不存在直线，在设计中突出曲线的表现，认为装饰来源于自然形态的曲线风格。

尤金·格拉谢特（Eugene Grasset）也是法国"新艺术"运动中的代表人物，他在 1883 年受画家查尔斯·吉洛（Chailes Gillot）委托，为著作《阿芒四个儿子的历

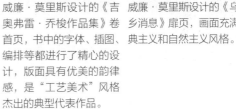

威廉·莫里斯设计的《吉奥弗雷·乔梭作品集》卷首页，书中的字体、插图、编排等都进行了精心的设计，版面具有优美的韵律感，是"工艺美术"风格杰出的典型代表作品。

威廉·莫里斯设计的《乌有乡消息》扉页，画面充满古典主义和自然主义风格。

史》设计并创作插图，在版面设计中实现了文字与插图的高度统一，是"新艺术"运动中平面设计的代表作品之一，成为后来版面设计的典范。

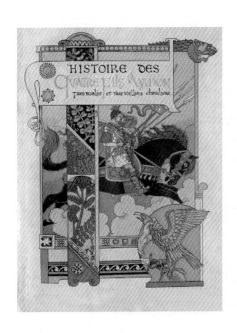

尤金·格拉谢特设计的《阿芒四个儿子的历史》书籍封面与内页，具有典型的"新艺术"运动风格。

法国是"新艺术"运动的发源地，产生了许多平面设计大师。其中朱利斯·谢列特（Jules Cheret）被称为"现代海报之父"，他设计的海报多利用非常讨人喜欢的女性形象，鲜明的色彩、自然畅快的笔触、生动活泼的版面编排，让画面具有浓厚的浪漫主义气息，充满欢乐感与时尚感。

亨利·德·图卢兹·劳特累克（Henri de Toulouse-Lautrec）擅长使用石版画技术，画面中刻意弱化西方绘画中的立体感与层次感，同时借鉴日本浮世绘平涂色彩的方法来表现观赏者眼中的主观空间，搭配经过设计的标题文字，在当时大受欢迎。

朱利斯·谢列特设计的舞会海报，海报中典型的优美女性形象被商业设计界称为"谢列特女"（The Cherettee）。

图卢兹·劳特累克设计的《红磨坊》歌舞演出海报，版面用平涂的方式表现空间感，被认为是开创新风格的经典作品。

图卢兹·劳特累克为歌舞演出设计的海报，这张海报是石版画。

阿尔丰斯·穆夏（Alphonse Mucha）的作品是最典型的"新艺术"设计风格的代表。他设计的海报色彩艳丽，装饰性强，海报中的女性形象具有理想化的典雅与美丽的特征。这种追求极端唯美主义的装饰风格几乎成为当时"新艺术"海报的代名词，影响非常广泛，甚至在民国时期上海滩流行的美女月份牌的设计中都可以看到"穆夏风格"的影响。

穆夏为广告公司设计的海报，画面中优雅的女性形象及其四周精致的环绕纹样装饰，成为"新艺术"运动中平面设计的代表作品。

泰奥菲勒·亚历山大·斯泰因勒（Théophile-Alexandre Steinlen）的设计同样也具有典型的"新艺术"运动风格，但是他的作品具有强烈的政治倾向，通过作品公开表达对社会不公平的不满，因而受到大众的欢迎。

英国的"新艺术"运动中最重要的代表人物是插画家奥伯利·比亚兹莱（Aubery Beardsley）。他的作品具有非常明快的黑白对比结构和流畅的线条，人物形象极具个人特征，整个画面显得华丽妖娆，充满了丰富的想象，页面四周装饰着大量的卷草花纹，具有典型的"新艺术"运动风格。

泰奥菲勒·亚历山大·斯泰因勒设计的海报，画面中动物造型惟妙惟肖，结合文字的穿插排列，画面层次丰富。

三、现代主义浪潮中的版式形态

20世纪初期，现代主义设计风格开始在世界范围内兴起，这种风格应用在版面设计中，具有以下共同的特点：采用无衬线字体进行简单的非对称式排列，极少使用插图，画面具有编排构成的韵律感，以及利用不同的字体大小形成视觉强弱的效果。

奥伯利·比亚兹莱1893年受出版商委托设计制作的《亚瑟王之死》书籍内页。

1. 俄国"构成主义"版式

俄国"构成主义"（Constructivism）又名"结构主义"，发展于20世纪初。"构成主义"设计是俄国十月革命之后由俄国的革命建筑家、艺术家、设计家发起的一场对艺术和设计的探索运动。

埃尔·李西斯基（El Lissitzky）是"构成主义"的创始人，他主张在点、线、面和色彩处理上运用规律排列，追求秩序美，

埃尔·李西斯基设计的海报《红色楔子攻打白军》，采用简单的几何图形和强烈的色彩来象征革命对白军的攻击力量。

"构成主义"的作品喜欢在版面中采用简单的纵横编排方式和无装饰线字体，所有的形式、内容、色彩、图形都围绕信息服务。

以理性简洁的几何形态构成图形，着重刻画节奏美和抽象美，开创了现代版面构成的先河。他的作品形式、内容和色彩都是围绕一个中心服务，而这个中心则带有强烈的政治倾向，其代表作品《红色楔子攻打白军》是俄国"构成主义"最典型和最杰出的版面设计作品。

高尔基·斯坦伯格（Georgy Stenberg）和弗拉基米尔·斯坦伯格（Vladimir Stenberg）兄弟俩是俄国"构成主义"平面设计的重要代表人物，他们设计的一系列电影海报在俄国广为流传。他们采用手工重组的方式，根据照片来对绘画进行放大，把照片绘图和"构成主义"的版面编排结合起来。

2. 荷兰"风格派"版式

与俄国"构成主义"运动并驾齐驱的是荷兰"风格派"（Stylepie）运动，又称作"新造型主义"（Neoplasticism）。"风格派"的思想和形式都起源于皮特·科内利斯·蒙德里安（Piet Cornelies Mondrian）的绘画探索，蒙德里安被誉为

斯坦伯格兄弟设计的一系列电影海报，采用拼贴的手法来表现形式与内容，充满现代感。

平面设计之父，他虽然是一位艺术家，但他对格子的使用启发了今天广告、印刷和网页版面所使用的现代网格体系（Modern Grid System）。

"风格派"拒绝使用任何具象元素，主张用纯粹几何形的抽象来表现纯粹的精神，他们认为只有抛开具体细节描绘，才能避免作品的特殊性与个性化，从而获得共通的纯粹精神表现。所以"风格派"在版面设计上强调红、黄、蓝、白、黑的原色搭配，直线与直角方块对画面的分割以及非对称的编排方式。荷兰"风格派"设计特征基本都在《风格》杂志中得以集中体现，利用无装饰线的字体和非对称排列方式，加上以原色为主的几何线条，构成了版面中全部的视觉元素。

3. 包豪斯与现代版式

1919 年包豪斯设计学院（Bauhaus）在德国成立，荷兰"风格派"运动以及俄国"构成主义"对于现代主义版面设计的探索与试验，在包豪斯得以继续发展并逐步完善，最终形成体系，这使得包豪斯设计学院成为欧洲现代主义设计运动的中心。

瓦尔特·格罗皮乌斯（Walter Gropius）作为包豪斯的创始人，认为设计应该为广大人民群众服务，而非为少数社会权贵独享。他们将数学和几何学应用于平面的分割，为网格编排打下了坚实的理论和实践基础；在海报设计中运用几何图形和文字设计，让人们感受到一种全新的

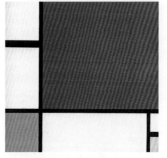

蒙德里安的油画《红、黄、蓝的构成》，画面展现了独特的平衡构图。

《风格》杂志内页，版面中无衬线字体的非对称式排列，具有典型的"风格派"设计特点。

包豪斯教师朱斯特·施密特（Joost Schmidt）为"包豪斯展览"设计的海报，我们可以看到版面中几何结构的非对称性平衡，这种无饰线字体的使用和简洁的编排形式，展现了现代主义版面设计注重的功能性特点。

视觉语言。他们所提倡的"功能决定形式"这一设计理念，在世界各地和各个领域都产生了深远影响。

拉兹洛·莫霍里·纳吉（Laszlo Moholy Nagy）是包豪斯体系建立的关键人物，奠定了三大构成的基础。他设计的"包豪斯丛书"和海报等作品采用简单的编排设计风格以及无衬线字体，这些都具有高度理性化、功能化和几何化等包豪斯版面设计的主要特征。

莫霍里·纳吉设计的"包豪斯丛书"封面与封底，可以看到构成主义的影响。

4. "未来主义"与"达达主义"影响下的版式

1909—1915 年间，意大利兴起了一场革命性的艺术运动——"未来主义"运动（Futurism）。"未来主义"最初只是一场文学运动，但是后来波及绘画、建筑、平面设计等领域。"未来主义"挑战传统的排印和印刷模式，将文字和图像以一种充满动感的方式进行排列组合，创造出一种"诗画"的效果。

"达达主义"（Dadaism）发源于 1916 年的瑞士，是 20 世纪初的先锋艺术，在艺术观念上强调自我，反对理性，具有强烈的虚无主义特点，这种另类的思想使他们成为"现代造型"的开路先锋。"达达主义"对于平面设计领域的影响与"未来主义"相似，其中最大的影响是利用拼贴的方法进行版面设计，以及版面编排无规则、自由化的特点。

自由编排的萌芽就始于"未来主义"和"达达主义"。

受"未来主义"影响的杂志 BLAST 封面设计。

利用图片拼贴的方法进行版面编排设计是"达达主义"自由编排的一大特点。

5. 扬·奇肖尔德与 "新版面运动"

"新版面运动"（New Typography）的代表人物扬·奇肖尔德（Jan Tschichold）是用实际行动使社会接受现代主义版面设计风格的先驱人物。他认为版面设计的功能性应该排在第一位，页面的美化与装饰都是多余的，越简单的版面越能有效传递信息。他在编排设计中，运用无衬线字体，文字采用两栏方式；在色彩方面，除了黑色与红色，几乎不采用其他颜色，用强烈的明暗对比和较粗的线条，表现出版面与内容、作者和读者之间的紧密关联。

扬·奇肖尔德一生中有多部著作，其中包括《版面设计元素》《新版面设计》《印刷设计》《不对称的字体排版》等。在书中他阐述了现代主义版面设计的基本原理与技法，构建了一系列现代设计的规则和印刷品中标准纸张的用法，并首次清晰地阐述了如何有效使用不同字号和字重以便捷地传达信息。这些著作对后世产生了深远影响，是现代主义平面设计史上的里程碑。

他在企鹅出版社工作期间，负责监修了五百多部企鹅出版社的图书，并重新制订了企鹅图书的排版标准，规范了后期印厂印刷的细节，创立了一套著名的《企鹅排版规则》。作为 20 世纪最伟大的版式、字体设计大师之一，扬·奇肖尔德对设计的认知跨越了专业和时代的限制，他的很多设计理念即便放在今天也具有指导意义。

扬·奇肖尔德于 1928 年出版的《新版面设计》，在书中他强调版面设计的目的是为了信息的传递，而非版面的装饰与美化。

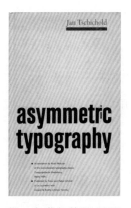

扬·奇肖尔德于 1967 年出版的《不对称的字体排版》。

扬·奇肖尔德手绘的企鹅出版社经典三段式封面设计。

   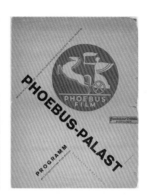

扬·奇肖尔德为德国慕尼黑的 Phoebus Palast 电影院设计的一系列海报，版面中无衬线字体的运用及其倾斜的排列方式，具有典型的现代主义版面设计的特征。

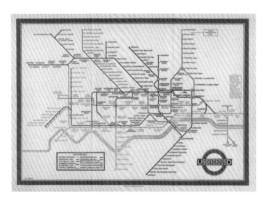

1933 年亨利·贝克设计的伦敦地铁交通图，突破了距离和空间位置的局限。

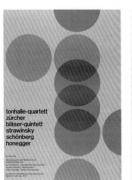 

穆勒·布鲁克曼设计的一组海报，画面中采用网格结构、无衬线字体，以及非对称的版面形式，都体现了高度理性化的国际主义平面设计风格。

6. 亨利·贝克与现代交通图版式

英国设计家亨利·贝克（Henry Beck）是现代交通图版面设计的奠基人，他设计的伦敦地下铁体系交通设计图奠定了全世界所有地下铁交通图、铁路交通图和其他交通图的设计基础。他利用不同的颜色表明地下铁的线路，用简单的无衬线字体标明站名，用圆圈标明路线交叉点，同时把最错综复杂的部分放在图的中心位置，使得画面具有准确的信息传递功能，让乘客在乘坐地铁时可以一目了然地识别方向、线路与换乘车站。

7. 国际主义平面设计风格

受到第二次世界大战的影响，现代主义设计及其代表人物移师瑞士或远赴美国，继续他们的设计探索。20 世纪 50 年代，一种崭新的版面设计风格在西德和瑞士率先形成，画面采用网格结构，无论字体还是图片，视觉元素都以非对称形式编排在框架中，这种标准化与公式化的版面设计风格很快得到世界范围内的普遍认可，成为国际最流行的设计风格，因此被称为"国际主义平面设计风格"。

瑞士设计师约瑟夫·穆勒·布鲁克曼（Josef Müller-Brockmann）是国际主义平面设计风格的精神领袖，他通过设计实践使得这一设计风格在世界范围内广为流传。布鲁克曼主张系统化和规范化的设计，他的版面设计呈现出高度的信息传递功能，画面简明扼要，具有强烈的时代感。

瑞士巴塞尔美术学院的教授艾米尔·鲁德（Emil Ruder）也是国际主义平面设计风格的主要代表人物之一。他的版面设计作品多以文字元素为设计核心，倾向于以文字取代图像的设计，排版方式基本上是采用非对称形式的网格框架，作品强调视觉传达的功能性，具有强烈的时代形式美感。在版面设计中，艾米尔·鲁德积极探索对新无衬线字体的开发研究，大量运用无衬线字体 Helvetica 和 Univers 等，以达到高度直接的视觉传达目的。

艾米尔·鲁德的设计作品多以无衬线字体为主，具有典型的国际主义平面设计风格。

8.纽约平面设计派

20世纪40年代的纽约聚集了大量因躲避二战而逃亡到美国的设计师，纽约成为现代设计的中心，进而形成了自己独特的设计风格，这就是"纽约平面设计派"。由于美国历史短暂，且没有遭遇世界大战的摧残，美国人天性乐观，喜欢幽默风趣的事物，因此，纽约的设计师们在注重版面逻辑性的基础上，也融入了美国人特有的幽默与轻松的特点，画面往往生动、活泼，视觉效果强烈，

在保罗·兰德设计的画面中常可以看到蒙太奇、拼贴等自由编排设计的艺术表现手法。

表现形式也异常丰富。

保罗·兰德（Paul Rand）是纽约平面设计派的奠基人和开创者，他的画面构图严谨，多采用线、面等简洁的抽象元素，同时又运用自由的具象造型以及鲜艳明亮的色彩，在他设计的作品中，常常可以看到极简、蒙太奇、拼贴等设计艺术表现手法。他喜欢赋予作品美式的幽默感，受到美国大众的广泛欢迎。

保罗·兰德为纽约艺术指导俱乐部设计的海报。

四、信息时代的版式形态

从 15 世纪的古腾堡到 20 世纪 80 年代，版式设计一直处在一个基于二维空间的探索与实验中，包括字体、文本、插图和版面风格的发展都相对平稳。但是到了 20 世纪末，电脑的普及，互联网的流行，使静态的文字、有插图的书籍杂志页面向动态信息架构的数字界面转变，版式设计的载体与手段发生了翻天覆地的变化。随着经济与科技的进步，如今的版式设计开始扩展到其他领域，形成了跨学科交叉发展的趋势。版式设计将枯燥的点、线、面与文字、图形，通过不同的载体，构建成美妙的空间，传达新的概念，使读者在获取信息的同时得到美的享受。

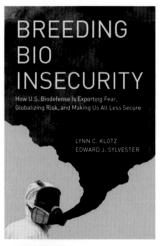

书籍的封面设计，需要具有一定的设计内涵，画面中的一个点，一条线，一行字，一个抽象符号，或者一张照片，都可以指示书中的内容，传递整本书的情感信息。

1. 平面媒体中的版式

（1）书籍报刊版式

书籍的版式设计主要涉及书籍的开本设计，封面、腰封，以及书籍内页等部件的版面编排设计，是综合了艺术思维、构

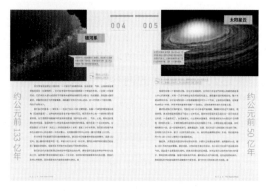

文字编排为主，这类编排设计最重要的是内容章节分层，版面层次清楚。

思创意和技术手法的系统设计，主要通过对字号、字体的选择，图形的编排，以及栏的划分等来统筹设计版面，使读者阅读流畅、愉悦，获得视觉上的完整性和精神上的享受。

报纸是历史最悠久的大众传播媒介之一，它曾与电视、广播、杂志一起被称为四大媒介。报纸以其内容繁杂，发行量大，时效性强，传播面广，读者众多，便于携带和随时阅读等优势，成为最重要的宣传媒体之一。报纸信息量大并且内容种类多，因此无论是四开大报还是八开小报，在整体版式上都会采用分栏划块的形式，以此来区分和归纳众多杂乱的种类和内容，使版面条理清晰，秩序性强，便于阅读。

杂志与书籍有很多相似的地方，例如页码、书眉、目录等书籍中的一些部件在杂志中也必不可少。但是杂志一般还具有其他一些特点，比如信息量大，每一种杂志都有其独特的市场定位和风格特征，不同类型的杂志直接决定和影响了杂志版面的内容形式和设计风格。例如汽车类杂志会以精美的照片来显示车的品位和格调；时装类杂志常以大幅的照片展示时装品牌的魅力；休闲类杂志会以随意自由的版式来表达其轻松悠闲的内容，使杂志的内容显得更直观易懂，更有情趣，更贴近现代人的欣赏需求。而那些在内容上涵盖面更广，图片更精美，印刷更精致的杂志则更具有吸引力。

报纸版面一般分栏较多，条理清晰。　生活版报纸，元素的自由编排会让版面看起来轻松愉悦。

社科类杂志的内页版面多以文字为主，插图为辅。

时尚类杂志中，图片多以自由版式的形式编排，版面活泼，符合年轻人的心理定位。

（2）信息图表设计

信息图表设计又叫数据可视化设计，指可以直观展示统计信息属性（时间性、数量性等）以及对知识挖掘和信息直观生动展现起关键作用的图形结构，是将对象属性数据直观、形象地"可视化"呈现的手段。信息图表设计隶属于视觉传达设计范畴，它有着自身的表达特性，尤其对时间、空间等概念的表达和一些抽象思维的表达具有文字语言无法取代的传达效果，在信息能够清晰传达的同时又给人赏心悦目的感觉。

信息图表版式设计的特性归纳起来有如下几点：准确性，对所示事物的内容、性质或数量等的表达应准确无误；可读性，应该通俗易懂，尤其是用于大众传达的图表；艺术性，信息图表是通过视觉的传递来完成，必须考虑到人们的欣赏习惯和审美情趣，这也是其区别于文字表达的艺术特性。

用图表以可视化的方式探索诺贝尔奖多年的故事，其中包括每一位获奖者的得奖类型、获奖年份、年龄，以及主要的学术背景和家乡。每一个圆点代表诺贝尔奖得主，根据获奖的年份（X轴）和获奖时的年龄（Y轴）定位。

交互动态图表网站，显示的是 2010 年到 2013 年间全美枪击案受害人数的分析数据，点击每条线上任意一点，会自动跳转到当年相关枪击案件新闻报道的网页。

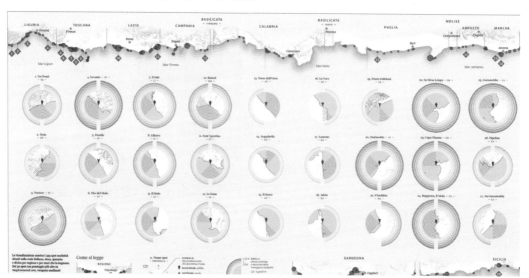

用可视化的方式显示了意大利海岸线上已不适合冲浪的 335 个冲浪点，并分析海底类型，以及理想的海浪冲击方向、冲击力度和类型，重新发掘出最适合冲浪的 30 个冲浪地点。

产品的包装运用拟人化的图形设计，趣味性十足，加上醒目的文字与色彩，夺人眼球。

食品类包装，食物成分等说明文字非常重要，用不同的字体区别这些不同的内容。

在编排文字图片的时候，需预留出产品的位置。

饮品的包装中要考虑到除文字与图形之外的留白设计，以便让消费者可以透过瓶子看到饮品。

2. 立体空间中的版式

（1）产品包装设计版式

包装设计是指选用合适的包装材料，运用巧妙的工艺手段，为商品进行容器的结构造型和包装的美化装饰设计。随着社会经济的发展，现在的产品包装越来越重视个性化与时尚性，因而，通过合理的版式设计，为产品的外包装进行美化装饰设计，以满足客户的不同需求。包装版式设计要求包装上的文字与图形必须准确地传达商品的信息，体现视觉个性，突出品牌文化。应合理考虑图形的局限性和适应性。每种商品都有其目标消费人群，不同的人群有着不同的喜好和审美情趣，只有有针对性的设计才可以得到消费者的认可，从而产生兴趣和购买欲望。

（2）导视系统版式

导视系统设计提供空间信息，帮助认知、理解和使用空间，是帮助人与空间建立更加丰富、深层的关系的媒介，其基本功能是辅助人在空间的一系列移动行为，其本质是解决人的找路问题，传达的主要内容是空间信息。所以导视标识的形式应该是系统的、持续的，并利用各种元素和方法传达空间信息。根据空间的不同属性，空间的各种信息都会被特别进行规划和组合，从而形成适合具体空间的信息体系。

3. 数字媒体中的版式

（1）动态影像版式

动态影像设计的英文全称是 Motion Graphics Design，是介于平面设计与动画之间的一种基于时间流动的视觉表现设计形式。传统的平面设计主要是针对平面媒介的静态视觉表现，而动态影像设计则是在平面设计的基础之上制作一段以时间轴为单位的动态视觉表现。

动态影像的版面构成形式之间不再是恒定不变的关系，视觉中心呈现出运动变化的状态，因此动态画面的版式设计要考虑到应始终保持其主题的鲜明突出，画面的元素要确保多而不杂，动而不乱。可以通过色彩的统一确保页面的整体性，通过形状来区分细节。

导视系统中合理利用色彩，可以有效地划分楼层信息和区位。

停车场里的导视系统，图形和文字一般都非常大，这样开车的人在车里也可以清楚地看到指示信息。

图书馆的地面上的导视系统，可以让读者轻松地找到与书对应的书架号码。

电影《七宗罪》奇特的开场画面，是电影史上最具代表性的片头之一，也被纽约《时代》杂志评为 20 世纪 90 年代最重要的创新设计之一。

电影"007系列"之《大战皇家赌场》片头设计，从1962年第一部邦德电影《诺博士》（Dr. No）开始，邦德站在圆形枪管口朝银幕开枪的画面已经成为007系列电影最经典的镜头之一。

（2）交互界面设计版式

随着时代的发展，特别是国际互联网的诞生和发展，交互界面设计已成为平面设计的新形式。

交互界面的版面形式与其他平面设计类型相比，服务性更强，用户的参与性也更强。交互界面的设计以用户体验为核心，以与用户的互动过程为结果，最终目的是以清晰的导向系统、便于操纵的功能和顺畅的链接满足用户的需求。

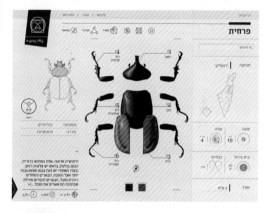

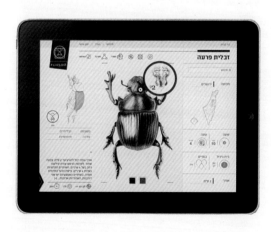

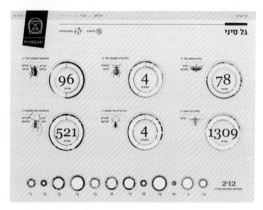

一组《昆虫记》的 iPad 交互界面版式

经典阅读书目推荐

[俄] 康定斯基. **艺术中的精神** [M].余敏玲，译.重庆：重庆大学出版社，2011.
（原版书名 Concerning the Spiritual in Art，康定斯基于 1912 年写成，是现代艺术理论的经典文献之一，为现代抽象主义艺术和设计奠定了坚实的美学基础。）

[俄] 康定斯基. **点线面** [M].余敏玲，译.重庆：重庆大学出版社，2011.
（原版书名 Point and Line to Plane，是康定斯基理论名著《艺术中的精神》的续篇，最早作为包豪斯学校的形式课程讲义出版，是现代主义艺术的经典文献之一。）

[美] 约瑟夫 · 阿尔伯斯. **色彩构成** [M].李敏敏，译.重庆：重庆大学出版社，2012.
（原版书名 Interaction of Color，是约瑟夫·阿尔伯斯在色彩感知的研究与教学方面独特实验的成果，囊括了阿尔伯斯的主要色彩理论，被看作 20 世纪色彩研究领域最大胆、最全面、最巧妙、最精彩的书籍之一。）

[德] 保罗 · 克利. **克利与他的教学笔记** [M].周丹鲤，译.重庆：重庆大学出版社，2011.
（原版书名 Pädagogisches Skizzenbuch，本书从相互缠绕的线条这样简单的现象开始，引导读者逐渐加深对确定的结构平面、尺寸、平衡和运动的理解，书中一些课题训练成为包豪斯学院 43 个设计课程的实例，时至今日，该书仍是美术教育家们的权威性参考书籍。）

[英] 贡布里希. **艺术的故事** [M].范景中，译.南宁：广西美术出版社，2008.
（原版书名 The Story of Art，经典艺术名著，该书概括地叙述了从最早的洞窟绘画到当今的实验艺术的发展历程，以阐明艺术史是"各种传统不断迂回、不断改变的历史，每一件作品在这历史中都既回顾过去又导向未来"。）

[瑞] 约瑟夫 · 米勒 - 布罗克曼. **平面设计中的网格系统** [M].徐宸熹，张鹏宇，译.上海：上海人民美术出版社，2016.
（原版书名 Grid Systems in Graphic Design，作为西方经典设计著作，瑞士平面设计先驱约瑟夫·米勒 - 布罗克曼在本书中阐述了网格系统的理论基础和设计理念，以及如何搭建网格系统的详细步骤。）

[美] 大卫 · 瑞兹曼. **现代设计史** [M].[澳] 若澜达 · 昂，李昶，译.北京：中国人民大学出版社，2013.
（原版书名 A History of Modern Design，该书纵览了 18 世纪至今的实用艺术和工业设计，不仅从纵向阐述了各个设计流派、各种设计风格的演变过程及其代表作品，而且横向探讨了设计和生产、消费、科技、商业之间盘根错节又变动不居的关系。）

[瑞] Niggli 出版社. **版面设计与网格构成** [M].郑微，译.北京：中国青年出版社，2005.
（原版书名 Typographic Grid，最为经典的网格构成设计专著之一，该书将构成主义和秩序的概念引入到设计之中，通过大量文字和设计实例，对网格构成设计理论和应用进行了系统和深入的讲解。）

[美] 唐纳德 · A · 诺曼. **设计心理学** [M].梅琼，译.北京：中信出版社，2003.
（原版书名 The Design of Everyday Things，该书主要讲述了设计专业的心理理论知识，书中研究了人们在设计创造过程中的心态，以及设计对社会及对社会个体所产生的心理反应，反过来再作用于设计，使设计更能够反映和满足人们的心理作用。）

[瑞] 加文 · 安布罗斯，保罗 · 哈里斯. **平面设计视觉词典** [M].卞尊昌，龙荻，译.上海：上海人民美术出版社，2009.
（原版书名 The Visual Dictionary of Graphic Design，该书旨在对平面设计中容易混淆的一些专业词汇予以区别和解释，比如斜线和斜体的区别，重印、套印、翻转的区别等，有助于大家准确地掌握印刷流程中的专业词汇和规范。）

[日] 杉浦康平. **造型的诞生：图像宇宙论** [M].李建华，杨晶，译.北京：中国人民大学出版社，2013.
（杉浦康平是理论化亚洲设计文化精髓的奠基人，书中分析了亚洲传统造像与文化对符号的深远影响，通过此书我们可以了解杉浦康平的创作理念、艺术风格和丰富的联想力。）

[日] 原研哉. **设计中的设计** [M].朱锷，译.济南：山东人民出版社，2006.
（原研哉在书中写到"设计不是一种技能，而是捕捉事物本质的感觉能力与洞察能力"，书中介绍了原研哉的多个作品的设计理念。）

[英] 西蒙 · 加菲尔德. **字体故事：西文字体的美丽传奇** [M].吴涛，刘庆，译.北京：电子工业出版社，2013.
（原版书名 Just My Type: A Book About Fonts，本书将众多有关于西文字体的故事、插曲和八卦收集在一起，通过趣味的笔法描述出来，作为课后阅读可以多了解一些西文字体背后的文化与历史故事。）

[日] 小林章. **西文字体：字体的背景知识和使用方法** [M].刘庆，译.北京：中信出版社，2014.
[日] 小林章. **西文字体 2：绝对经典款字体及其表现方法** [M].刘庆，译.北京：中信出版社，2015.
（该书分上下两册，《西文字体》细致讲解了西文字体的发展背景、拉丁字母的构造、如何理解不同字形、以及西文字体的鉴别方式，《西文字体 2》则对关于如何有效使用西文字体以及如何理解字体设计师的设计意图的进行了论述。）

[美] 金伯利 · 伊拉姆. **设计几何学：关于比例与构成的研究** [M].沈亦楠，赵志勇，译.上海：上海人民美术出版社，2018.
（原版书名 Geometry of Design，美国平面设计经典教材之一，该书揭示了自然系统中数学与美的神秘关系，介绍了设计中常用的几何构成方法，包括黄金分割、完美的比例和斐波纳契数列等，通过图例，解释了如何运用这些方法在艺术设计中创造美。）

[美] 金伯利 · 伊拉姆. **网格系统与版式设计** [M].孟姗，赵志勇，译.上海：上海人民美术出版社，2018.
（原版书名 Grid Systems: Principles of Organizing Type，该书详解了网格体系的版面边轴线、行距、虚空间、圆的位置、阅读导向等设计元素的组合变化，并分步指导练习。同时收录了水平构成、水平与垂直构成、倾斜构成等 108 种网格版式，可供读者直接作为模板参考使用。）

[美] 苏珊 · 伍德福德等. **剑桥艺术史** [M].钱乘旦，译.南京：译林出版社，2017.
（《剑桥艺术史》，全八册，此系列并非简单罗列各个时代的艺术家、艺术作品，而试图在每个时代的文化背景中再现艺术之精粹，阐释艺术家、艺术作品与历史、政治乃至宗教的关联，极具故事性和启发性。）

[瑞] 埃米尔 · 鲁德. **文字设计** [M].周博，刘畅，译.北京：中信出版社，2017.
（原版书名 Typographie: A Manual of Design，埃米尔·鲁德撰写的《文字设计》是比较经典的教科书，全书分为 19 章，围绕文字设计的形式和相关技术流程展开，作者认为文字设计必须遵循易读性，当代文字设计赖以建立的基础不只是灵光一现和突发奇想，更是对基本形式法则和整体联系的思维方式的掌握。）

文字是信息传递的主要手段，文字编排是版式设计的重要组成部分，是版式设计的基础。

本章学习的重点是了解常用的中西文印刷字体，掌握文字编排的基本方法。通过本章学习，结合课后 10 组练习，读者能够深入体会文字在版面中微妙的变化是如何影响信息传递的顺序的，拥有文字编排处理能力，探索文字编排的多样化表现手法，最终能够做到以易读性为前提，运用多种文字编排技法，清晰地表达出信息中潜在的等级性和关联性。

第二章
文字编排

2

第一节　如何进行文字编排

一、文字编排的基本步骤

在编排设计开始前，首先要考虑版型、文字组合和编排方向，根据文字和图片的数量及编排内容决定选择横向排版还是竖向排版。接下来选择适合文章内容属性的字体，决定字号，设定版面的版心与页边距，包括文章每行的长度、段落之间的栏距、行距以及字距。

为了让读者不在意阅读的文字，而专注于文字所传达的内容，设计者需要不断地调整版面的各种细节，根据版型和内容，设定合适的字体、字号的大小、文字和文字的间隔、行和行的距离等。好的文字编排可以极大地减轻眼睛的负担，通过在字里行间创造平顺的视觉流动，让阅读行为变得毫不费力。

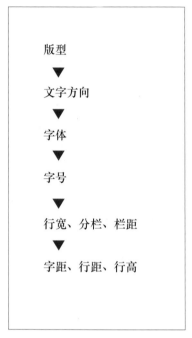

版面编排的常用步骤

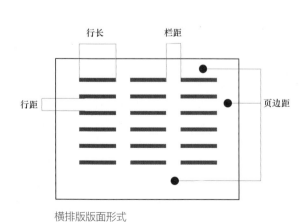

横排版版面形式

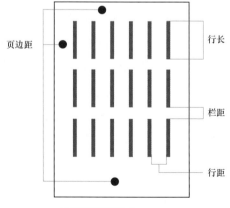

竖排版版面形式

二、版面的基本要素

一个版面，基本构成要素包括版心、栏和页边距，其目的都是为了在限定的版面空间内将不同的视觉元素进行整合，使各个部分既相互关联又层次分明。这些要素是对版面最基本的功能区分。

1. 版心

首先要在版面中规划出排印文字和图片的范围，我们称之为"版心"。版心的大小、位置以及版心四周留白的比例决定了版面形式的基本格局。图片的幅面有时可以超出版心，但是文字必须排印在版心之内，因为版心提供了一个有利于阅读的"视场"，其周围的白边保证了印刷文字不会在印刷品装订和裁切的加工环节中受到损失。

2. 栏

版心纵向划分为若干区域称之为"栏"。从早期手抄本起，对文字就开始以单栏或者双栏的形式来进行编排。一个栏框就是一块文字的植入区域，栏可以使文字以整齐划一的面貌呈现，从而使得文字的编排富有秩序感。栏的划分及其宽度会限制每行文字的长度，因此确定将版心分为几栏至关重要。栏划分得越多，版面形式变化的可能性就越大，但是栏过于狭窄，会使每行文字包含的字符数量受到限制，造成阅读困难。

3. 页边距

页边距指的是页面四周留白的部分。页边距的设定有两个出发点：一是防止在印刷出版的时候，文字或者图片等内容打印不完整；二是为了视觉效果，将文字收纳入页面的版心中，可以在视觉上显得整体美观。通常可在页边距内部可打印区域

页边距

页边距狭窄，留白少，实际使用的版面就会比较多，可以传递较多的信息量，多用于杂志、报纸、宣传单等，给人以热闹的感觉。

页边距

页边距大，版面留白会比较多，虽然实际印刷的面积会减少，但可以产生高雅的感觉，多见于高端产品或者奢侈品的宣传中。

插入文字和图形，也可以将页眉、页脚和页码等放置在页边距区域中。

　　页数多的印刷出版物，如书籍或者杂志等，页边距的设定要保持一致并贯穿全部页面。位于装订侧的页边距会比其他部分的页边距留更多的空间，这样可以避免书本打开以后难以阅读。

　　页边距不仅可以帮助阅读，也可以左右人们对页面的印象。宽窄不同的页边距所产生视觉效果，会给读者营造出不一样的情感体验。

三、文字排列方向

1. 文字排列方向

　　世界各国文字因其诞生成因、文字形态与书写习惯的不同，形成了纵横各异的编排样式。例如英文字母由于形态多为条线性组合，并且每个单独的字母不能够表达一个完整的意思，需要通过不同的排列组合才可以明确含义，这种建立在语音基础之上的拼音文字系统，造成了英文自左向右的读写习惯与横向的排版样式。

　　汉字的笔画构造决定了自左上起笔、右下收笔的书写顺序，竖向书写时运笔最为流畅，加上汉字早期多是写在长条形的木片和竹片上，最终形成了自上而下的读写习惯与竖向的排版样式。五四新文化运动以后，传统的竖向排版逐渐改为西式的横向排版。

竖排文字在汉语体系中至今仍是一种常用的编排设计手法。

英文习惯于横向排版。

2. 中英文混合编排

当文中有英文和数字的时候，横排可以很好地协调这些视觉元素，这也是中文在后来改成横向排版的主要原因。如果在竖排的文本中夹有英文和数字，英文和数字需要顺时针旋转 90°，这是文字竖排时的规范处理要求。

北极 (North Pole) 是指北纬 66° 34′ (北极圈) 以北的广大区域，也叫作北极地区。北极地区的总面积是 2100 万平方千米，其中陆地部分占 800 万平方千米。

当文中有英文和数字的时候，横排可以很好地协调这些视觉元素。

北极（North Pole）是指北纬 66° 34′（北极圈）以北的广大区域，也叫作北极地区。北极地区的总面积是 2100 万平方千米，其中陆地部分占 800 万平方千米。

竖排的文章中如果混有英文和数字，英文和数字必须旋转 90°。

第二节　常用字体类别

字体有着不同的造型特点，有的清秀，有的优美，有的自由豪放，有的苍劲古朴，不同的内容应该选择合适的字体进行编排。用不同的字体特征去表现内容和传递情感是设计中常见的手法。无论选择什么字体，我们都需要依据总体设想和设计的需要。当我们挑选字体的时候，不但需要考虑到读者看到这样的字体和字形会有怎样的理解和联想，是否有助于读者对内容的理解，还要考虑到字体产生的年代和背景，恰当的字体选择与运用，还可以充分地优化阅读体验。

黑体
宋体
衬线部分
天地玄黄
天地玄黄

图中可以很明显地看到汉字黑体与宋体的区别。

汉字样本永
漢字樣本永
漢字樣本永

从上到下分别为简体中文的新宋体、繁体中文的新细明体、日文的明朝体，可以看出字体结构略有不同。

一、中文字体

我们现在常用的几种中文印刷字体是：宋体（可以对应西文字体中的衬线体）、仿宋体、黑体（可以对应西文字体中无衬线体）、楷体，这些字体都是一些标准的基础印刷字体，常用于标题和内文。

1. 宋体

宋体字于宋代形成雏形，到了明代后期逐渐成为一种成熟的印刷字体，故宋体在日本又被称为明体或者明朝体。

宋体字字形方正规矩，笔画竖粗横细，末端有装饰部分，是应用最广泛的汉字印刷字体，根据字面黑度可以分为粗宋、大标宋、小标宋、书宋和报宋等。粗宋多见于书刊和广告导语，细宋适合排印长篇正文，常用于书籍、杂志、报纸印刷的正文排版。

2. 仿宋体

仿宋体的字形介于楷体和宋体之间，是模仿宋代刻本字样设计的印刷字体。1915 年左右，浙江人丁辅之与丁善之两兄弟集宋刻本优点创制而成的聚珍仿宋体是现代仿宋体的鼻祖。仿宋体笔画粗细均匀，横画斜向上，字体瘦长，折笔明显，优美秀丽，是一款唯美风格的字体。多用于排印古籍正文、文学作品及各类书刊的引言、注释和图版说明等。

仿宋体是一般建筑制图常用字体，即为类瘦金体（仿宋体），也称"工程字"。学写仿宋体是建筑学或土木工程专业新生于制图课程时须练习的第一道习题，且必须练到随时都能写出来。

方正大标宋简体

标宋多用于文章的标题，笔画粗细对比强烈，由于横画较细，不宜用作字号较小的内文字体。

方正报宋 ——— 第一代
方正新报宋 ——— 第二代
方正兰亭宋 ——— 第三代
方正博雅宋

北大方正三代报宋字体对比。

文悦聚珍仿宋

聚珍仿宋是现代仿宋体的鼻祖。

画面中主要字体为方正书宋，笔画中可见起峰与收顿，外形挺拔且具有人文气息。

中华书局出版的聚珍仿宋体《二十四史》中《汉书》的第一卷《高帝纪第一上》内页。

3. 黑体

汉字的黑体是在现代印刷术传入东方后依据西文无衬线体所创造的，于 20 世纪初在日本诞生，所以汉字中没有衬线的字体通常称为黑体，这个词的范畴和西文无衬线字体（Sans-Serif）是类似的，黑体在日文中被称为 Goshikku-tai，直译即"哥特体"。黑体字字形略同于宋体，但是笔画横平竖直，字形端庄，没有衬线装饰，显得强劲有力，并富有现代感。

黑体由于醒目的特点，常用于标题、导语、标志等。由于汉字笔画多，小字的黑体清晰度较差，所以一开始主要用于文章标题，但随着制字技术的精进，已有许多适用于内文的黑体字形，可以排印短文和图版说明。昔日在手机等移动设备上大多使用宋体，但近年几乎都开始用黑体，Android 以及 iOS 平台都将黑体作为预设字体。

华文黑体

华文黑体的一个显著特征就是笔画末端的喇叭口。由于印刷的因素，需要略微加粗笔画末端才能保证印刷出来的黑体笔画粗细一致。

汉仪旗黑

汉仪旗黑字体设计简约，尽可能减少多余的修饰元素，避免过大的弧度给阅读所带来的不稳定感，更方便视觉障碍者的阅读。

方正兰亭黑
Founder Lanting Black

方正兰亭黑是一款针对印刷需求进行优化设计的中文简体字。

苹方黑体
Pingfang Heiti

苹方黑体作为苹果公司 iOS9 系统中的官方中文字体，也是一款专为屏幕显示而设计的字体。

微软雅黑体
Microsoft YaHei

微软雅黑是一款专为屏幕显示的中文简体字体，字内有更多留白，在字号较小时仍能较清晰地辨认。

大标题使用造字工房力黑，数字部分使用的字体是 Action Force，同时在字体上加入了一些公路的元素，让其更加贴合海报主题；下面小文部分使用的是思源黑体 Light，促销信息部分使用的是思源黑体 Bold，将促销信息放大，以承接上面的标题，让整个文案部分不会显得头重脚轻。

该广告标题字体为思源黑体 Bold，为了将文字融入画面中，与花瓣树叶等素材进行穿插设计。

4. 楷体

唐宋刻本字体承袭了碑铭和写本通用的楷书，欧阳询、颜真卿等名家的书迹更成为一时的典范。直至明代中期宋体普及之后，刻本仍然沿用楷体。我国近代自引进西方印刷术之后，制作了多种楷体活字，计算机字库中的楷体也由此而来。楷体是一种非常经典的字体，婉转圆润，柔中带刚，具有很强的传统气息和文化底蕴。楷体因模仿手写书法，极具亲和力，常用在儿童读物和小学课本中，也称作"教科书体"。

5. 其他字体

在宋体和黑体的基础上加工变化产生了多种印刷字体，例如圆体、综艺体、琥珀体、彩云体、小姚体、卡通体、倩体等。这些字体字形结构多样且有鲜明的风格特征，大多不宜用作排印正文。除此之外还有这些年比较流行的古籍刻本字体，大致可以归为两类：一类是还原古籍中的字形轮廓将其数字化，如康熙字典体等；还有一类是结合古籍刻本的字形风格，为现代排版印刷而设计的，如方正清刻本悦宋、方正宋刻本秀楷等。

小学语文课本内文采用的是楷体。

华文楷体
方正楷体简体

常用中文楷体。

方正榜书楷

榜书楷体的设计灵感来源于明、清两朝宫阙匾额、楹联上的楷书大字。将传统书法与现代字体设计相融合，追求厚重疏朗、雍容大气的艺术美感，古为今用。

一组二十四节气的图片，配以康熙字典体，该字体古朴苍劲、笔锋犀利，图文风格呼应，中国气息浓郁。

6. 手写体与变体字

　　手写体指那些为了表现手写文字风格而设计的字体，或者文字间有明显连笔笔画的字体。中文的手写体最典型的就是手写毛笔体。电脑变体字就是根据电脑现有的字体加以局部变形。

"去西班牙找海明威"的基础字体是方正汉真广标简体，在这个基础字体上进行变形，进行笔画的链接、拉长，并与图形和英文进行结合设计。

有关圣诞主题的卡片，文字是方正大黑简体的变体。中文字体根据主题含义去变化弧度或连笔，比如"风"字做了一个弯曲的笔画，另外一笔和下面的"冷"字做了一个连笔。文字外边加上线条去修饰整个字体图形的弧度，并增加活泼感，用红色描边和纹理增加整个字体图形的层次。

手写体看上去比较舒适，容易被大众接受，所以在网站广告中经常被用到。

手写的"幻想情人"四个字，有一种洛可可式的华丽浪漫的曲线感，与画面题主相呼应。

"上帝嫉妒列侬"主题的海报，手写的主题字表现出一种叛逆到带刺的性格和天才像刀一样尖锐的感觉。

二、英文字体

英文的印刷字种类非常丰富，不同的字体产生于不同的历史时期，选择恰当历史时期的字体会让整个设计更加富有内涵。例如，传统或者怀旧的衬线字体暗示了古老的智慧与经典，传递的是信任。而几何形的无衬线字体诞生于包豪斯时代，强调的是功能高于形式的实用主义信息，所以无衬线字体传递的是一种现代和时尚感。由于很多字体字形都保留了那个时代的基本特征，并且曾经盛极一时，所以一个字体的背后，往往是一个时代精神的暗示。

1. 衬线体

衬线体的历史比较悠久，一般认为起源于古罗马时期碑刻起稿时使用平头笔书写所遗留的痕迹，适合用于表达传统、典雅、高贵、距离感。衬线体的特点是笔画开始和结束的地方有额外的装饰，而且笔画的粗细有所不同，视觉对比强烈。衬线有助于水平方向的视线移动，即使用来排长篇文章也不会增加读者的眼睛负担，所以普遍认为衬线体在正文中使用可以带来更好的体验感。

根据衬线体笔画末端相连接部分的不同，可以分为四种不同的类型。

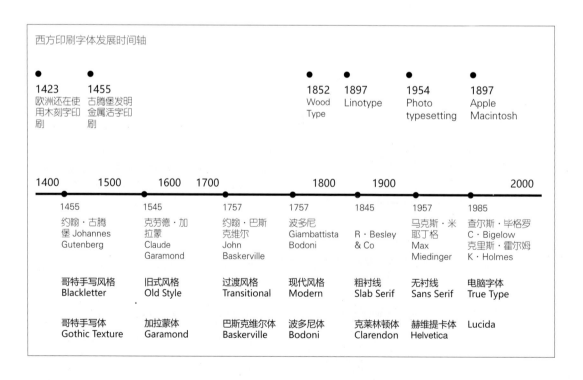

（1）旧式衬线体（Old Style）

The Quick Brown
Fox Jumps Over
The Lazy Dog.

旧式衬线体：Garamond

　　旧式衬线体最早可以追溯到 1465 年，它的特征是：强调对角方向——一个字母最细的部分不是在顶部或底部，而是在斜对角的部分；粗细线条之间区别微妙，对比不强烈；出众的可读性。旧衬线体是最接近手工铅字起源的字体，在制作的时候有严整的斜度规定，加上弧度衬线体现细节，增强了它的阅读性。常见的旧式衬线体有 Garamond、Palatino、Trajan、Bembo、Goudy Old Style 等。

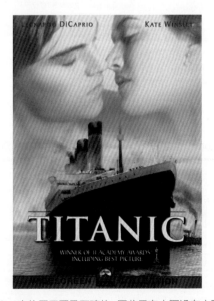

Trajan 字体属于罗马石碑体，因此只有大写没有小写，字体端正有气势，具有历史厚重感，在各种类型的电影海报上都可以看见它。电影《泰坦尼克号》海报的标题用的就是 Trajan Bold。

（2）过渡衬线体（Transitional）

The Quick Brown
Fox Jumps Over
The Lazy Dog .
g

过渡衬线体：Times New Roman

　　过渡衬线体又叫作"巴洛克体"，出现在 18 世纪中叶，由于在风格上处于现代体和旧体之间，故名"过渡体"。与旧式衬线体比较，粗细线条的反差得以强调，但是没有现代体那么夸张，笔画尾端连接的部分都是弧形的，呈平滑的曲线。这种字体能够表现出温柔亲切的传统风格，且在传统中仍能使人感受到现代感。这类字体中最著名的有：Times New Roman、Baskerville、Caslon 等。

Caslon 字体是在巴洛克风格字样的基础上改造的，是一款非常精美的字体，有着很悠久的历史，美国独立宣言的标题字体使用的就是 Caslon。

（3）现代衬线体（Modern）

The Quick Brown
Fox Jumps Over
The Lazy Dog.
g

现代衬线体：Bodoni

现代衬线体出现在 18 世纪末，字样以绘图仪器绘制，因此笔画尾端由细直线构成，视觉上非常平整，粗细线条的对比十分清晰和明确，具有现代几何式的严谨精确之美。但是大部分现代衬线体的可读性不及旧体和过渡体。常见字体包括 Didot、Bodoni、Century Schoolbook 和 Computer Modern。

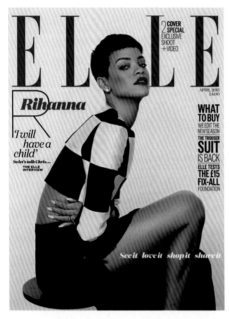

Didot 既保留了传统古罗马字体的经典衬线，同时又具有现代风格的锋利切角，受到很多时尚杂志和品牌的青睐。著名时尚杂志《ELLE》封面字体就是 Didot。

（4）粗衬线体（Slab Serif）

粗衬线体：Rockwell

粗衬线体也被叫做埃及体（Egyptian），由现代衬线体演变而来，产生于 19 世纪初的英国。其特征是笔画粗细差别很小，尾端的衬线粗厚且呈矩形，字母本身的形状和无衬线体很类似，笔画的粗细几乎没有差别。在 19 世纪到 20 世纪初，这种字体经常被用在报刊和广告牌的标题导语上，因为看起来强劲有力，同时具有怀旧气氛。常见字体包括 Clarendon、Rockwell、Courier、Copperplate Gothic 等。

美国环球影城标志的字体曾经为 Copperplate Gothic。

旧式衬线体、过渡衬线体、现代衬线体和粗衬线体在字脚处细微的区别

旧式衬线体
Old Style

支架衬线
Bracket Serif

过渡衬线体
Transitional

现代衬线体
Modern

发丝衬线
Hairline Serif

粗衬线体
板状衬线
Slab Serif

（5）经典衬线体及其应用

Centaur

Centaur 是以 1470 年的罗马正体活字为基础开发的，小写字母 e 的中间一横略向上倾斜，保留了当时书写的特点，具有史诗般正统风格和文艺复兴时期的情感，特别适合用于表现年代悠久的版面内容，常用于美术、历史方面的书名和标题。

电影《指环王》海报用的就是 Centaur。

Baskerville

这款字体是以 18 世纪后半叶英国活字制造商约翰·巴斯克维尔（John Baskerville）的铅字为基础制作的。作为过渡期罗马体的代表性字体，Baskerville 非常经典，给人古典、传统和高贵的感觉，字形舒展大方，清晰易读，且传递友好感，是英国最具有代表的字体之一，多用于排印书籍正文。

Canada

Baskerville 的应用。

Garamond

作为最常用的字体之一，该款字体由法国雕版艺术家克劳德·加拉蒙（Claude Garamond）于 1532 年创作，后多次改良。Garamond 黑度较强，恰如其分地保留了古典的感觉，既没有强烈的个性，也十分适合阅读，排长篇文字显得有序紧凑，排标题也显得大气。加拉蒙体被广泛用于书刊杂志，从正文到标题均可以胜任，在世界著名 100 个字体中排名第二。

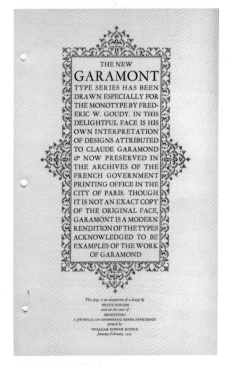

加拉蒙字体打印样本。

Minion

　　Minion 是 1990 年美国 Adobe 公司以欧洲文艺复兴时期的手写体为基础设计的一款正文字体，Adobe 公司软件界面的"御用"字体，适用于标题和正文，是世界上最通用的正文字体之一。

Didot 在法国顶级时尚杂志《VOGUE》封面上的应用。

Didot 也是 Giorgio Armani 品牌字体。

美国著名餐厅"红色龙虾"品牌字体为 Minion。

Didot

　　这款字体是以 19 世纪初法国活字制造商菲尔曼·迪多（Firmin Didot）设计的活字为基础而制作的。整款字体强调线条的粗细对比，朴素、冷峻但又不失优美柔和，既保留了传统古罗马字体的经典衬线，同时又具有现代风格的锋利切角。现在很多时尚杂志和品牌都非常青睐 Didot 字体，逐渐成为优雅、成熟和时尚的代名词，是现代主义衬线体的典范。

Bodoni

　　Bodoni 字体由意大利享有"印刷者之王"和"王之印刷者"称号的印刷商、字体设计师詹巴斯蒂塔·波多尼（Giambattista Bodoni）于 1785 年左右设计而成。它和 Didot 一样有强烈的粗细线条对比，但在易读性与和谐性上效果更好，字体简洁并且极具现代感，历经数百年的考验依旧经典，是现代主义风格的完美体现，因此今天仍被各国重视和广泛应用。

田中一光的《设计的觉醒》封面英文所使用字体就是 Bodoni 字体。

2. 无衬线体

无衬线活字在 19 世纪前半叶就已经出现了，在 20 世纪的时候开始被广泛应用。无衬线体相对衬线体更加亲和、现代，由于字体本身字形特点没有额外的装饰，而且笔画粗细差不多，显得干净简洁，在苛刻的条件下也容易识别，所以多用于报纸的标题、手册和户外道路的指示牌等。

根据无衬线体的时间发展轨迹，可以将其分成四种不同类型。

（1）早期体

哥特体 Grotesque
字体：Franklin Gothic

Grotesque 是 19 世纪对刚出现的无衬线体的称呼，指对罗马时期建筑的粗滥仿造，有贬义的意思，因为对于习惯了传统衬线体的人们而言，这些简单的无衬线体在当时看来无疑是怪异的。所以最早出现的无衬线体，依旧保留了一些衬线体的特征，比如小写字母 g 的写法不一样，数字 1 下方有粗衬线。最著名的有 Franklin、Royal Gothic 等。

（2）过渡体

新哥特体 Neo-grotesque
字体：Helvetica

过渡体特点是不带情绪，冷静简洁，包括很多目前常用的无衬线字体，如 Univers、Arial、Helvetica 等。

（3）人文主义体

人文主义体 Humanist
字体：Lucida Grande

人文主义体是无衬线体中最具书法特色的，笔画有更强烈的粗细变化，给人温暖的典雅感，识别度非常好，常用于网站正文字体。例如 Johnston、Frutiger、Gill Sans、Myriad、Optima 等。

（4）几何体

几何体 Geometric
字体：Futura

几何无衬线体字体趋近几何形状，例如字母 O 非常像正圆，字母 a 是半圆加一个尾巴，易读性不好，一般不适合用在正文。但是这类字体有非常强的设计感，在某些需要突出设计感的场合用磅值大的该字体效果很好。例如 Avant Garde、Century Gothic、Futura 等。

（5）经典无衬线体及其应用

Univers

Univers（乌尼维斯）字体是目前为止世界上应用最广泛的字体之一，是世界上第一款具有系统性设计的现代化无衬线体。它常用在医药、仪器科学、空间导视等需要强调精准性和理性的美学诉求中，也常常被用在有视觉阅读障碍人士的读物中。

ebay 网站标志用的字体为 Univers。

Optima

Optima（奥普提玛）字体有着人文古典气息，它虽然没有衬线，但是与其他无衬线体不同。它的灵感来源于意大利的碑文，由于严格遵循了黄金分割原则，所以有着优美的比例；因为横竖笔画的粗细不一致，给人以一种古典和庄严的感觉。

Optima 字体是越战纪念碑所使用的字体。

Helvetica

Helvetica 是世界上最通用的一款无衬线字体，体现了瑞士理性主义精神，是现代主义设计理念的典范。该字体被广泛应用在标志、电视、报纸、政府部门以及无数的商标中，全球最佳字体中排名第一。如：3M、英特尔等很多大型企业的标志都是使用 Helvetica。

美国大型连锁超市 Target 品牌字体为 Helvetica。

Helvetica 在很多著名品牌的商标中都有应用。

Franklin Gothic

　　Franklin Gothic（富兰克林哥特）字体是很早出现的无衬线体，具有 19 世纪无衬线体的风格，笔画粗犷有力，所以略带古风和男性化特点，有强烈的视觉表现力。

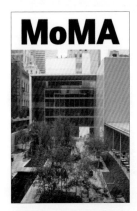

美国纽约著名的现代艺术博物馆 MOMA 官方字体就是 Franklin Gothic。

Myriad

　　Myriad 是一款人文主义（Humanist）字体，是由罗伯特·斯林巴赫（Robert Slimbach）和卡罗·图温布利（Carol Twombly）在 1990 年到 1992 年左右以 Frutiger 字体为蓝本为 Adobe 公司设计的，字体笔画柔和简洁，给人以友好的感觉，在印刷和界面显示方面都表现出很好的适应性，在很多大学、政府部门和公司的标志和文档中都可以看到该字体。

世界 500 强公司沃尔玛超市的品牌字体就是一款人文主义体 Myriad Pro。

Gill Sans

　　Gill Sans 字体是英国风格的代表字体，具有古典风格的骨架，但是又有很强的科技感和未来感，字体外形偏几何。作为 20 世纪最经典的无衬线字体，作为英国众多机构偏爱的字体，它像米字旗一样，成为英国视觉文化传统的一部分，被认为是英国的 Helvetica。

英国广播公司 BBC 的标志字体 Gill Sans。

1949 年英国列车的广告海报，海报中的大写字母用的就是 Gill Sans。

Futura

Futura 是拉丁语未来的意思。这款字体发表于 1927 年，由德国人保罗·伦纳（Paul Renner）制作，灵感来源于包豪斯。是一款具有明显的几何特征的字体，很多著名的品牌，例如 LV、大众汽车和宜家都使用的这款字体。

电影《地心引力》海报字体使用的就是 Futura，一款具有未来感的几何无衬线体。

1969 年 7 月美国阿波罗号登月后在月球上留下的纪念牌就是用的 Futura 字体。

LOUIS VUITTON

世界著名奢侈品牌路易·威登的标志用的是 Futura 字体。

Eurostile

Eurostile 看起来具有现代感和机械感，这款字体自 20 世纪 60 年代发表以来，作为标题字广受欢迎。在欧美，很多公司的标志上都能看到 Eurostile 的应用，同时在很多乐队的专辑封面和电视节目的标题上也可以看到它的身影。

美国著名保险公司 GEICO 的标志字体就是 Eurostile。

欧洲著名乐团西城男孩在第一张专辑《Westlife》和第二张专辑《Coast to Coast》中的标题字用的就是 Eurostile。

3. 哥特体

哥特体又被称为 "Black Letter"，源于欧洲中世纪手抄本中的手写体，因此字形呈现出笔尖扁平的书写痕迹。15 世纪古腾堡印刷的第一本书就以这种字体制作成铅字，使其得以流传。哥特体笔画强劲有力，垂直的线条装饰使字体的衬角格外明显，流露出一种中世纪宗教的庄重严肃和令人尊重的高贵神秘感。由于它结构繁复不易阅读，如今仅用在一些特殊场合，例如结婚请柬、圣诞贺卡，酒类或者手工艺品的商标等。常见的哥特体有：Textur、Rotunda、Schwabacher、Fraktur。

4. 手写体

西文手写体可以大致分为两类：古典手写体和现代自由手写体。

古典手写体由斜体字演变而来，笔画圆转舒畅，字和字之间由细线相连，具有流动感。古典手写体流行于 17 世纪，最初为鹅管笔书写的草书，后被铸成铅字，逐步发展成为现代印刷草体字。

现代自由手写体形式多样，自由活泼，与古典草书的严谨优雅截然不同。如今，手写字体包括手工绘制和电脑绘制等多种形式，可以有效地传递一些不同的情绪：独特、嘻哈、叛逆和自由等。手写字体传递出的一种潜在信息就是只为一个目的而量身定做，不为重复使用而设计。这些隐藏的信息会让用户觉得别具一格，手写字体的效果会比任何一种电脑上的字体来得更加吸引人，会让阅读变得更加人性化，从而触动用户的内心情感，令人满足。

	Textur	Rotunda	Schwa-bacher	Fraktur
a	a	a	a	a
d	d	d	d	d
g	g	g	g	g
n	n	n	n	n
o	o	o	o	o
A	A	A	A	A
B	B	B	B	B
H	H	H	H	H
S	S	S	S	S

几款著名的哥特体之间的差异。

扫二维码
看 100 个最佳英文字体

海报中的手写的字体增加版面的活跃度，让人感到轻松愉悦。

该海报中的手写字体具有一种独一无二的炫酷感。

书报杂志的名字经常会用手写体。

三、字体家族

　　文字作为排版元素，不同字体风格之间会有个性的不协调与搭配不当，于是除了正常的字体外，同一类字体还出现了粗体字、窄体字、斜体字等，它们被称为"字体家族"。字体家族在风格统一的前提下，发展出来各种不同笔画粗细或者不同比例的字型，可以让设计师根据需要选择相应的字体，以创造更好的版面区块层次。

1. 字重

　　格里特·罗德兹说过："文字不是一连串的笔画，而是被笔画分成有独特形态的空间。"字重指的是每个字的字谷和笔画的比率，重量轻的字体字谷空间大，重量重的字体字谷空间就小。结构繁复和笔画粗的字看起来字重大，字形简单和笔画细的字看起来字重小。

　　许多字体家族都有两种以上的不同字重作为变化，字重的不同可以衍生出很多相异的字体。一般版面中需要强调的部分可以利用字重的不同来突出。字重的差异越大，就越能够看清变化，强调的效果就越明显。

　　表示字重变化的方式有以下几种：

　　●直接用数字来区别，例如汉仪旗黑家族则用数字 25、35、40、45……105 这样的命名方式。

字谷小：思源黑体 Bold

字谷大：思源黑体 Light

粗细数量（以 μm）表示	字重全称	字重缩写
100	ExtraLight	EL
200	Light	L
300	Normal	N
400	Regular	R
500	Medium	M
700	Bold	B
900	Heavy	H

汉仪旗黑 25
汉仪旗黑 35
汉仪旗黑 40
汉仪旗黑 45
汉仪旗黑 50
汉仪旗黑 55
汉仪旗黑 60
汉仪旗黑 65
汉仪旗黑 70
汉仪旗黑 75
汉仪旗黑 80
汉仪旗黑 85
汉仪旗黑 90
汉仪旗黑 95
汉仪旗黑 105

汉仪旗黑字体家族

●用缩写表示由细到粗的变化，例如 W1、W2、W3……W12 及 W12 以 上（W 是 Weight 缩写）。

> Hiragino Sans GB 冬青黑体简体 w3
> **Hiragino Sans GB 冬青黑体简体 w6**

冬青黑体简体的两种字重

●拉丁字母的字重分类通常直接用语言表示，一般标准的就称为 Regular，再粗一点的称为 Medium，更粗的用 Bold。

> Optima Regular
> **Optima Bold**

Optima 家族中的标准体和粗体

●汉字常见的有用中、粗、细、特、超等字来表示粗细的概念，例如方正兰亭系列字体。

> 方正兰亭超细黑简体
> 方正兰亭纤黑简体
> 方正兰亭细黑简体
> 方正兰亭标黑简体
> 方正兰亭准黑简体
> **方正兰亭中黑简体**
> **方正兰亭中粗黑简体**
> **方正兰亭粗黑简体**
> **方正兰亭大黑简体**
> **方正兰亭特黑简体**

方正兰亭黑家族系列

●也有同时用两种方式结合的形式来区别不同的字重和变体。例如 Helvetica Neue 字体家族的命名就是由数字和单词两部分组成。

> Helvetica Neue 25 Ultra Light
> Helvetica Neue 35 Thin
> Helvetica Neue 45 Light
> Helvetica Neue 55 Roman
> **Helvetica Neue 65 Medium**
> **Helvetica Neue 75 Bold**
> **Helvetica Neue 85 Heavy**
> **Helvetica Neue 95 Black**

Helvatica Neue 字体家族系列

笔画无论是非常粗还是非常细，都会增加一定的阅读困难。笔画太细，很容易与背景混淆，不容易被看见；而笔画太粗，文字内部笔画结构拥挤，降低了文字的识别性。

如果将一段文字用粗细对比强烈的字体（例如常作为标题的大标宋或者新罗马体）来编排，会给读者造成眼花缭乱的感觉，影响阅读的体验感。

在编排中恰当地选择字体的字重，可以在视觉上形成很好的层次感，帮助读者理解文章内容。例如报纸上标题常常用较粗的字体，内文中用更粗或者更细的字体暗示着某段信息的强调部分。一般尺寸不同的文字同时编排的时候，尺寸小的文字比较适合用粗体字，尺寸大的文字用细体字。在编排长篇文章的时候，选择粗细合适的字体显得尤为重要，为了让版面的阅读流畅，粗细中等的字体是最佳选择。

商周时期，通用的文字是甲骨文。这是一种成熟而系统的文字，为后世的汉字发展奠定了基础。之后流行的青铜铭文虽有字数的增加，但形体并无大的变化。

商周时期，通用的文字是甲骨文。这是一种成熟而系统的文字，为后世的汉字发展奠定了基础。之后流行的青铜铭文虽有字数的增加，但形体并无大的变化。

商周时期，通用的文字是甲骨文。这是一种成熟而系统的文字，为后世的汉字发展奠定了基础。之后流行的青铜铭文虽有字数的增加，但形体并无大的变化。

从上到下的字体为方正兰亭超细黑简体、方正兰亭准黑简体、方正兰亭特黑简体，三种字体中方正兰亭准黑简体最适宜内文的编排。

杂志版面中经常用粗体字强调信息。

2. 比例

比例变化会使家族里出现"瘦"和"胖"的字体，这是对常规字形进行宽窄比例的变化而成，通常会用长体（Condensed）和扁体（Extended）来区分，当空间受到限制的时候，这两种变化可以比较好地处理字体的应用。

方正兰亭黑简体
方正兰亭黑扁简体
方正兰亭黑长简体

方正兰亭黑家族中的常规体、扁体和长体

Myriad Pro Regular Condensed
Myriad Pro Bold Condensed

Myriad Pro 家族中的长体和粗长体

文字的宽窄根据版面的大小和专栏的面积而定，如果版面很小，那么用窄体字比较好，不但可以在有限的空间中排印足够多的字数，而且版面看起来也不会觉得很拥挤。杂志或者报纸等版面有限的印刷品对字体的宽窄考虑得要更多一些。

窄体字的阅读舒适性会比正常字体略微弱一些。因为字体变窄的同时，也会改变字体本身笔画的比例，以及围绕字体内外正负空间的比例关系。窄体字会形成较强的垂直方向感，而我们在阅读时眼球是水平方向运动的，这种垂直方向感会影响眼球的运动方向，进而影响读者的阅读模式和阅读的流畅性。

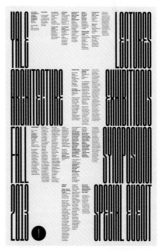

海报中的窄体字，阅读舒适性较弱，但具有装饰意味。

在书刊的目录页中，由于版面大小的限制，常用窄体字来显示刊登的文章题目。

3. 角度

倾斜的文字具有自然流动的属性，比如一首诗歌，或者是引用某人说的话，都可以用斜体字来表现。斜体字在书籍排版中被用来表示对比、引述或加强。

同一字体家族中，根据不同字重的正体字会设计相对应的斜体，斜体字在拉丁字母中通常用两种方式表示，分别是 Italic Type 和 Oblique Type。Italic Type 又叫意大利斜体，早在 400 年前就出现，它的呈现形式更偏向于书写样式的斜体。Oblique Type 伪斜体，正常竖直字体的一个倾斜版本。这种倾斜字在简单倾斜加工后，笔画结构和比例并没有太大变化。

在传统排版中，汉字一般不使用斜体。电脑技术的发展给字体变形带来了极大方便，才将西文这一习惯延伸到中文排版中。

倾斜的文字和窄体字一样，会让阅读的流畅性降低，一些倾斜得太厉害的文字会大幅降低阅读的速度。如果正文的排印使用正常字体，想强调文本中某些信息的时候，倾斜的文字是一种常用的非常有效的代表强调信息的字体。例如，在英文正文编排中，如果出现书名，都是用斜体来表示。

这是音乐节的海报，倾斜的文字让人仿佛也感受到了节日活跃的气氛。

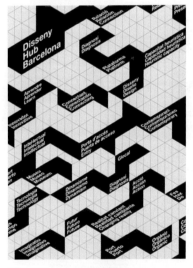

倾斜的文字可以给画面带来空间感。

The five boxing wizards jump quickly.

正体（Roman Type）

The five boxing wizards jump quickly.

意大利斜体（Italic Type），可明显看出字形经过了重新设计。

The five boxing wizards jump quickly.

伪斜体（Oblique Type），可看出字形未改变。

四、数字与标点符号

1. 数字的特点与编排

（1）不齐线数字

不齐线数字（Non-lining Figures）自12世纪阿拉伯数字传到欧洲后，一直是最常用的一种写法，故此也称为中世纪数字。不齐线数字的形状与位置都有变化，就像英文小写字母：一些没有上伸部和下延部的，与字母 x 同高（例如 0、1 和 2）；一些有上伸部的，像字母 h（例如 6 和 8）；一些有下延部的，像字母 g（例如 3、4、5、7 和 9）。使用不齐线数字的常用字体有 Georgia、Hoefler Text 等。

0123456789

Hoefler Text 是一套使用不齐线数字的现代字体。

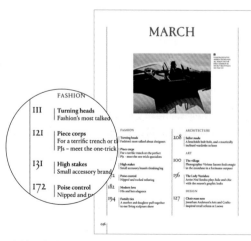

在英文杂志的目录页，时常可以看到用不齐线数字来标示页码。

（2）齐线数字

19 世纪字体设计师设计了齐线数字（Lining Figures），广泛取代了不齐线数字，尤其是在报纸和广告字体中广泛应用。机械排铸用的精细的书本字体到了 20 世纪仍然用不齐线数字，随着照相排字时代的来临，不齐线数字几乎消失，而数码排字以后，不齐线数字又开始蓬勃复苏。

大多数的西文杂志书刊中偏向在内文采用不齐线数字，因它们与小写字母和小型大写字母较融和，且它们形状较多变化，便于阅读。而齐线数字则多用于大写字母中，在表格和试算表中齐线数字也有很好的效果。

虽然很多传统字体都包含一套完整的齐线和不齐线数字，以用于不同场合，但多数标准电脑字体（除了专业印刷使用的字体）都只有一种数字。

0123456789

齐线数字：Times New Roman（Regular）

2. 标点符号的特点与编排

中文常用的标点有逗号、顿号、句号、分号、冒号、引号、间隔号、省略号、感叹号、问号、括号等。除了句号与顿号是中文早期就有的标点符号外（英语中没有顿号），像逗号、分号、问号、感叹号、圆括号、引号、书名号等都是舶来品。

（1）避头避尾法则

标点符号既有其规定的形状，还有其相应的位置，有些标点需要避免出现在字行的开头与结尾，我们称作避头避尾法则。避头标点有：句号、问号、叹号、逗号、顿号、分号、冒号、单引号的后半个、双引号的后半个、括号的后半个、书名号的后半个。避尾标点有：单引号的前半个、双引号的前半个、括号的前半个、书名号的前半个。因此在文字编排的时候，可以将电脑软件中的段落标点选项设置为避头尾。

版式设计是现代设计艺术的重要组成部分，是视觉传达的重要手段。表面上看，它是一种关于编排的学问；实际上，它不仅是一种技能，更实现了技术与艺术的高度统一，版式设计是现代设计者所必备的基本功之一。

版式设计是现代设计艺术的重要组成部分，是视觉传达的重要手段。表面上看，它是一种关于编排的学问；实际上，它不仅是一种技能，更实现了技术与艺术的高度统一，版式设计是现代设计者所必备的基本功之一。

文本第三行逗号作为字行的开头显然有问题，在设置标点避头尾之后，逗号回到第二行句末。

（2）标点的横排与竖排

横排文本与竖排文本在标点符号的编排上有很大不同。竖排文字中，句号、问号、叹号、逗号、顿号、分号、冒号要放在字下偏右的位置，破折号、省略号、连接号、间隔号要放在字下居中的位置，着重号标在字的右侧，专名号和浪线式书名

号标在字的左侧。另外，在文字竖排时，需要将横排文本中使用的引号换成为直角引号"『 』"，竖排文本单引号的形式是"「 」"。

子曰："学而时习之，不亦乐乎？有朋自远方来，不亦乐乎？人不知而不愠，不亦君子乎？"

子曰：『学而时习之，不亦乐乎？有朋自远方来，不亦乐乎？人不知而不愠，不亦君子乎？』

中文竖排时，使用直角引号"『 』"代替横排版时的双引号。

（3）中英文标点的差异

如今的版式设计基本以电脑排版为主，在进行中英文混排时，如果是中文输入法设置，标点会占据一个中文字的位置，当切换到英文输入法时，标点占据的空间就要窄得多。这是因为英文字母、罗马数字以及西方语言的符号等属于半角字符，占用一个字节的大小，而汉字属于全角字符，占用两个字节的大小。

风格派又称作新造型主义 （neoplasticism）

风格派又称作新造型主义 (neoplasticism)

上图的括号使用的是中文标点样式，下图的括号使用的是英文标点样式，可见中文标点占用的版面空间比英文标点要大。

史蒂芬·柯维的书的题目是《高效能人士的 7 个习惯》。

The title of Stephen Richards Covey's book is *The 7 Habits of Highly Effective People*.

中英文的关于书名的不同书写方式。

中文与英文标点除了在占位上不同，形式也略有区别：例如中文常用的句号"。"是空心圆，而英文句号为"."是实心圆；在表示并列的词或词组之间停顿的时候中文会用顿号"、"，而英文中没有顿号，一般用逗号","来取代顿号；中文用书名号"《》"来表示图书名字，而英文中的书名和报刊名用斜体或者下划线表示。

第三节　文字编排的基本要素

一、字号

字号是表示字体大小的单位，是区别文字大小的标准，也是表现信息层次极为重要的标尺。同一版面中，不同字号如果能恰如其分地安排好，可以让版面主次分明。

1.字号的表示方式

常用的表示字体大小的形式有三种：号数制、磅数制和级数制。

号数制中字号的标数越小，字形越大，比如五号字比六号字大，六号字比七号字大等。在"Microsoft Word"软件中最大的字号为"初号"，在字号等级之间会增加一些字号，并取名为"小几号字"，如"小四号""小五号"等。号数制的特点是用起来简单方便，使用时指定字号即可；缺点是受到号数的限制，更大和更小的字无法用号数来表达，号数不能直接表达字体的实际尺寸，且字号之间没有统一的倍数关系，折算起来不方便。

印刷字号	对应磅数	对应毫米数
八号	4.5	1.581
七号	5.25	1.845
小六	6.5	2.29
六号	7.5	2.65
小五	9	3.18
五号	10.5	3.70
小四	12	4.23
四号	14	4.94
小三	15	5.29
三号	16	5.64
小二	18	6.35
二号	21	7.76
小一	24	8.47
一号	27.5	9.17
小初	36	12.70
初号	42	14.82
特号	54	18.979
大特号	63	22.142

号数制、磅数制与毫米对照表

磅数制又叫点数制，是英文 point 的音译，是印刷中专用的尺度，也是电脑排版系统中常用的字体度量方法。磅数越大，字形越大。1 磅等于 0.35mm。尽管计算机软件可以提供任意缩放字形大小的功能，但是传统标准磅依然是印刷的基本规格，即 6 磅、7 磅、8 磅、9 磅、10 磅、12 磅、14 磅、18 磅……

级数制每一级等于 0.25mm，1mm 等于 4 级，照排文字能排出的大小一般由 7 级到 62 级，也有从 7 级到 100 级的。

在计算机照排系统中，有号数制也有磅数制。在印刷排版时，如果遇到以号数为标注的字符时，必须将号数的数值换算成级数。

白日依山尽，黄河入海流。　白日依山尽，黄河入海流。　白日依山尽，黄河入海流。

从左往右依次是 8 磅、9 磅、10 磅。可以看出不同的字号组成的段落还是有明显变化的。

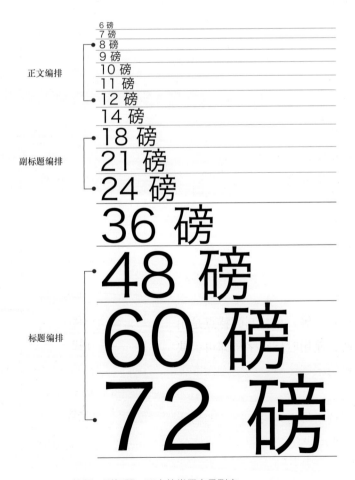

标题、副标题、正文的常用字号列表。

2. 常用的字号

文本编排中的文字内容大略可以分为标题部分、正文部分和补充说明部分。标题部分字号应比其他部分的字号大而醒目。除了大标题外，在标题前可以加上小标题和补充内容的副标题，或者是将文章内容归纳整理而成的引言等，一般来说，按照大标题、小标题、副标题、引言的顺序，字号会越来越小；基本上不论哪种字号，一般都会比正文字号要大。

大号字一般更容易吸引读者的眼球，显示出信息的重要性，但往往会强迫读者陷入单个字的阅读，从而忽略一个词、一句话或者整段文字。当字号大于 12 磅的时候，人眼睛会有更多的视觉停留（又叫注视停顿），因为人在阅读的过程中，眼球的运动模式由一系列的快速眼跳和注视停顿组成，一系列快速的眼球跳动来改变注意点的位置，又由注视停顿来采集信息，以此去感知一段文字的含义。注视停顿越少，阅读起来就越流畅，阅读效率就越高，理解起来也就越容易；反之亦然。

标题部分

副标题部分

正文部分

图片信息

正文部分

补充信息

不同字号对于版面层次的区分作用。

对于普通开本的印刷品，字号应该限制在一定范围以内，太大或者太小都不合适。因为 12 磅字号是文本处理软件默认的字号，很多人开始都认为 12 磅是最适合阅读的字号，但是实际上 9 磅或者 10 磅才是书刊印刷常用的字号。书刊版面中的图片说明或名片中的电话号码等其他内容都可以小于 9 磅，但也不能过小。一方面，因为字号太小，文字笔画之间的空间会变小，过于拥挤的空间会降低易读性；另一方面，在印刷中，由于油墨对于纸张有不同程度的渗透性，小于 6 磅的字很难清楚地显示出来。

海报中的文字字号会比较大，方便路人看到。自上而下大小变化，版面看上去具有很强的层次感。　字号越大对比越强烈。

名片可以用 8 磅或者 7 磅字号，但是不能小于 6 磅。

杂志内页中，需要强调的信息会用大号字来表示，字号的大小对比使单调的版面展现出强弱变化，吸引读者的目光。

3. 字号的选择

（1）取决于阅读的距离

字号大小很多时候需要根据版面的尺寸和阅读的距离来确定。距离越远，选择的字号应越大，例如展览的海报、广告横幅上的文字或者教学挂图中的短文说明等；对于书刊杂志，一般人们的阅读距离是 30 厘米到 35 厘米，所以选择字号 9 磅或者 10 磅比较合适；而手机屏幕可以选择更小的字号，因为阅读手机屏幕的距离会比阅读印刷品的距离更近。

（2）取决于阅读的对象

现实中我们很难去界定选择哪种字号是正确的，容易阅读的字号多取决于文字所传递的信息的目的、作用和阅读对象。如书籍或者杂志这类印刷阅读刊物，正文的字号选择会根据阅读的对象发生改变。现在，读物中的正文字号多为 9 磅，若阅读对象是儿童或者年长者，那么正文字号往往需要选择大一号；但是如果阅读对象是年轻人，正文选择 8 磅也可以。

儿童读物的内页文字一般比较大，便于孩子们认读和识字。

即便是字号大小相同，不同的字体在版面中显示出来的高度和宽度也是略有区别的。所以在选择合适的字体和字号的时候，要格外注意这点。相同字号的情况下，中文比英文看起来要更大一些。

微软雅黑 **方正姚体**	字号都是 18 磅，微软雅黑比方正姚体要宽得多。
方正兰亭特黑 **方正兰亭特黑扁**	同一个字体家族中，同一字号但高度不同的字体看起来大小也不一样。
包豪斯 Bauhaus	字号相同情况下，中文比英文看起来要更大一些。

二、字距

字距是指字与字之间的距离。字距是决定版面形式和影响易读性的重要因素之一，舒适的字距，会优化段落的视觉流，给读者以良好的阅读体验。

字距是字与字之间的距离。

书刊正文的字距一般默认为 0，在编排时，为了某些特殊效果，也会采用大于或者小于 0 的字距。西文字母因为字形及其空间富于变化，字距均等容易造成视觉空间的混乱，所以电脑对西文字母间距的自动调整适用于绝大部分文本。某些特殊文本，如企业名称或者品牌名称等，会根据设计要求的不同做出适当的调整。一般西文字母的正常字距为字母高度的 1/5 到 1/4。字号越大越需要减少字距，字号越小越需要增加字距，前者是考虑到信息分组，后者则是为了增加视觉对比。

宽松的字距给人悠然舒适的感觉，紧凑的字距给人紧张感。

字距：-200	字距：0	字距：200
春花秋月何时了， 往事知多少。 小楼昨夜又东风， 故国不堪回首月明中。 雕阑玉砌应犹在， 只是朱颜改。 问君能有几多愁， 恰是一江春水向东流。	春花秋月何时了， 往事知多少。 小楼昨夜又东风， 故国不堪回首月明中。 雕阑玉砌应犹在， 只是朱颜改。 问君能有几多愁， 恰是一江春水向东流。	春花秋月何时了， 往事知多少。 小楼昨夜又东风， 故国不堪回首月明中。 雕阑玉砌应犹在， 只是朱颜改。 问君能有几多愁， 恰是一江春水向东流。

超出常规的字距，虽然传递信息的功能减弱，但是却可以吸引读者。

杂志内页中，标题字有时候会使用超宽的字距，以达到引起注意的效果。

三、行

1. 行距

行距是指行与行之间的距离，行高则是指一行的基准位置到下一行的基准位置之间的间隔。

> 字体是一个水晶杯，————行距
> 是放置信息的容器。

行距是行与行之间的距离。

> 字体是一个水晶杯，
> 是放置信息的容器。————行高

行高是指一行的基准位置到下一行的基准位置之间的间隔。

正文的行距在半个字的高度到一个字的高度之间，在同等行距的情况下，中文的行距看起来要比西文的行距小，所以在实际的文本编排中，西文行距一般小于中文行距，对于导语、标题等可以用比较自由的行距。

充足的行距会使行与行之间显得宽敞舒适，形成一条明显的水平空白带，以引导读者的目光，让眼睛更容易辨别句尾和句首，提高版面的可读性。但是行距不可以太宽松，否则会让一行文字失去较好的延续性，影响了文章的阅读。

> **对于一个特定信息版面的具体编排而言，各种元素的统筹和富有创意的表现，不仅是方便阅读的需要，也是产生视觉美感的需要。**
>
> 对于一个特定信息版面的具体编排而言，各种元素的统筹和富有创意的表现，不仅是方便阅读的需要，也是产生视觉美感的需要。

同样的字号，同样的行距，使用较粗的文字时，行距在视觉上看起来会比较"窄"。

字距：0
行距：12 点

大自然的第一抹新绿是金，
也是她最无力保留的颜色。
她初发的叶子如同一朵花，
然而只能持续若此一刹那。
随之如花新叶沦落为旧叶。
由是伊甸园陷入忧伤悲切，
破晓黎明延续至晃晃白昼。
宝贵如金之物岁月难保留。

字距：0
行距：12 点

Nature's first green is gold,
Her hardest hue to hold.
Her early leaf's a flower,
But only so an hour.
Then leaf subsides leaf,
So Eden sank to grief.
So down gose down to day,
Nothing gold can stay.

在相同字距和行距的情况下，英文的行距看起来会比中文的行距大一些。

行距：8

春花秋月何时了，
往事知多少。
小楼昨夜又东风，
故国不堪回首月明中。
雕阑玉砌应犹在，
只是朱颜改。
问君能有几多愁，
恰是一江春水向东流。

行距：12

春花秋月何时了，
往事知多少。
小楼昨夜又东风，
故国不堪回首月明中。
雕阑玉砌应犹在，
只是朱颜改。
问君能有几多愁，
恰是一江春水向东流。

行距：16

春花秋月何时了，
往事知多少。
小楼昨夜又东风，
故国不堪回首月明中。
雕阑玉砌应犹在，
只是朱颜改。
问君能有几多愁，
恰是一江春水向东流。

行距缩紧，字行相互靠在一起，看起来很拥挤；行距扩大，字行之间看起来舒适度会提高。

　　有研究表明，字距与行距之间存在一个易读性原则，即：字距小于行距。对于英文来说，就是字母间距 < 词间距 < 行距。一般来说字号与行距的最佳比例为 10：12，如果字号采用 9 磅、10 磅、11 磅、12 磅，每行之间需要增加 1/4 磅的距离以改善易读性。

字号变大，
行距也应相
应增加。

当然，字距与行距的大小不是绝对的，独特的、打破常规的字距与行距可以体现设计师个性的编排风格。因为除了对可读性的影响，行距本身也是具有很强表现力的设计语言，为了加强版式的视觉效果，可以有意识地加大行距或者缩小行距，以体现一种独特的视觉效果或者主题内涵。

加大行距，可以体现轻松和舒展的情趣；缩小行距，会增加紧张感；大小并存的行距编排，可以突出版面的空间层次与弹性。

2. 行宽

每一行能排下的最多的字数，就是行宽。行宽是一行文字的长度，或者说是一行文字的理想长度，因为现实中很难让每一行的长度都完全精确吻合。

一行文字如果长度合适，可以制造一个愉悦的阅读节奏，让读者放松情绪并且专注于文字的内容。如果一行文字太长或者太短，都会降低行内视觉流的平顺性，

通过适当地改变行距大小来区别信息层次。

让读者阅读起来比较累。过长的行宽会很难让视线从上一行的末尾轻松地转到下一行的开头；同样，过短的行宽会让读者阅读的时候频繁换行，导致视线过多地跳跃，降低阅读舒适感。一般来说，中文书籍正文每行排印 20~35 个字符比较合适，西文每行 7~10 个单词或 40~70 个字母易读性最强。国外研究表明，阅读最舒适的理想行宽是一行 65 个英文字母，少于此会造成读者视线的频繁移动，多于此会使人的视线长距离水平移动而造成视觉疲劳。

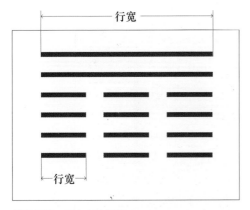

行宽就是一行文字的长度。

行宽很长的情况下，可以减少字行的数量来增加可读性。

在阅读的时候，视线的移动从一行的开始扫到同一行的末尾，如果字行的长度非常长，可以把字行分割成几个"栏"。

在版式设计的时候会受到版面尺寸的限制，可以在行宽的长短上做一些调整，让文字根据主题断开转行，这样不但可以更好地适应版面的尺寸，其阅读方式也会发生改变。

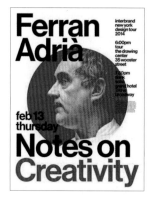

当受版面尺寸限制时，将文字断开转行，形成若干行。行宽缩短，会改变阅读的节奏。

为了适应版面的尺寸，可以将一行字断开，分成多个字行。

四、段落

1. 段落的视觉肌理

字距、行距及其他编排元素之间的间隔会形成一种视觉肌理，呈现出或深或浅的灰色调。肌理与色调由许多因素综合而成，字体本身（笔画之间的粗细关系、宽度和高度的比例）、字号、字距、行距，以及文本段落排列的疏密程度，包括印刷因素如印刷承载物表面的光滑度、反光度以及吸墨率等，都会影响段落视觉肌理和整体色调。

如果各个视觉元素之间的间隔是一致的，那么文本就会呈现出和谐统一的视觉肌理，段落的视觉流也会变得很平稳。不同字体本身所具有的独特的品质也会形成

不同方向的编排也会形成不同的视觉肌理，利用视觉肌理，可以有效地区别文本内容。

不同的版面肌理。很多时候，设计师会利用这些字体进行排印，以达到某些特别的版面效果。字间距过大和过小都会改变文本视觉肌理，形成不和谐的空间间隔，造成读者的阅读困难。

版面编排设计的最终目的在于使内容清晰、有条理、主次分明，具有一定的逻辑性，以促使视觉信息得到快速准确地表达和传播。对于一个特定信息版面的具体编排而言，各种元素的统筹和富有创意的表现，不仅是方便阅读的需要，也是产生视觉美感的需要，因此形式美的法则是影响版面编排优劣的决定性因素。符合形式美法则的编排设计能使版面简洁、生动、充实和协调，更能体现秩序感，从而获得更好的视觉效果。

版面编排设计的最终目的在于使内容清晰、有条理、主次分明，具有一定的逻辑性，以促使视觉信息得到快速准确地表达和传播。对于一个特定信息版面的具体编排而言，各种元素的统筹和富有创意的表现，不仅是方便阅读的需要，也是产生视觉美感的需要，因此形式美的法则是影响版面编排优劣的决定性因素。符合形式美法则的编排设计能使版面简洁、生动、充实和协调，更能体现秩序感，从而获得更好的视觉效果。

字体的粗细往往决定段落的肌理色调，字体笔画越粗，段落呈现的肌理色调就越深；字体笔画越细，段落的肌理色调就越浅。

版面编排设计的最终目的在于使内容清晰、有条理、主次分明，具有一定的逻辑性，以促使视觉信息得到快速准确地表达和传播。对于一个特定信息版面的具体编排而言，各种元素的统筹和富有创意的表现，不仅是方便阅读的需要，也是产生视觉美感的需要，因此形式美的法则是影响版面编排优劣的决定性因素。符合形式美法则的编排设计能使版面简洁、生动、充实和协调，更能体现秩序感，从而获得更好的视觉效果。

版面编排设计的最终目的在于使内容清晰、有条理、主次分明，具有一定的逻辑性，以促使视觉信息得到快速准确地表达和传播。对于一个特定信息版面的具体编排而言，各种元素的统筹和富有创意的表现，不仅是方便阅读的需要，也是产生视觉美感的需要。

字距、行距越小，文字排列越紧凑，段落呈现出的肌理色调就会越深；字距、行距越大，文字排列就越松散，段落的肌理色调就越淡。

2. 段落的对齐

（1）左右均齐

左右均齐是指在版式设计中文字从左端到右端的长度均等。文字排列左右均齐，可以让版面看上去整齐美观，清晰有序，是目前报纸和书刊最常用的一种编排方式。

春花秋月何时了，往事知多少，小楼昨夜又东风，故国不堪回首月明中，雕栏玉砌应犹在，只是朱颜改，问君能有几多愁，恰似一江春水向东流。

A font is a series of glyphs depicting the characters in a consistent size, typeface, and typestyle. A font is intended for use in a specific display environment. Fonts contain glyphs for all the contextual forms, such as ligatures, as well as the normal character forms.

英文中，左右均齐的对等排列方式，为了造就一行中的首个字符和一行中最末的字符上下对齐，造成行内字间距不等的情况。这种字间距的大小不一在段落中形成视觉留白，容易造成行内的视觉流的平顺性被减弱。

无论是封面还是内文的版式设计，左右均齐的文字排列都会让画面看起来统一和谐。

在报纸的版式设计中，文字左右均齐排列也是最常用的设计方法，这样的编排方式可以让信息类型丰富多样的版面看上去比较干净严谨。

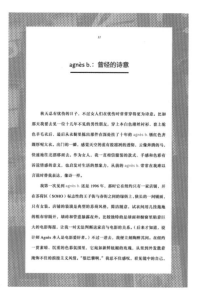

《我的衣橱故事》内页设计，在中文书籍的版式设计中，由于方块字的特点，左右均齐的排列方式会让版面看上去非常整齐，所以在中文出版物中，这种编排方式很常见。

（2）左对齐

　　虽然左右均齐这种对称式的编排可以增加效率并且有助于阅读，但是到了20世纪20年代，设计师们开始质疑这种左右均齐的排列，并开始尝试着其他的排列办法，设计师们发现文字齐左不齐右的排列方式可以提供更好的易读性，这种不对等的编排方式开始慢慢流行起来。

为了适应人们阅读的习惯，版面中的文字通常会齐左编排。

春花秋月何时了，
往事知多少，
小楼昨夜又东风，
故国不堪回首月明中，
雕栏玉砌应犹在，
只是朱颜改，
问君能有几多愁，
恰似一江春水向东流。

A font is a series of glyphs depicting the characters in a consistent size, typeface, and typestyle. A font is intended for use in a specific display environment. Fonts contain glyphs for all the contextual forms, such as ligatures, as well as the normal character forms.

行宽的不一致会在每行的结尾形成不规则的形状（如红线所示），给视线提供一个很好的参考点，让视点可以平滑地从一行的结尾处扫视到下一行的开始。

（3）右对齐

　　每行的第一个文字都统一排列在左侧或者右侧的轴线上，齐左或者齐右，首行或者尾行自然就产生出一条清晰的垂直线，在与图形的配合上容易协调和取得同一视点，给人以优美自然、愉悦的节奏感。因为很多文字是按照从左往右的顺序阅读的，所以齐左排列更符合人们阅读时视线移动的习惯，但是像印度文这种从右往左阅读的文字，齐右排列更加合适。

> 春花秋月何时了，
> 　往事知多少，
> 小楼昨夜又东风，
> 故国不堪回首月明中，
> 雕栏玉砌应犹在，
> 　只是朱颜改，
> 问君能有几多愁，
> 恰似一江春水向东流。
>
> A font is a series of glyphs depicting the characters in a consistent size, typeface, and typestyle. A font is intended for use in a specific display environment. Fonts contain glyphs for all the contextual forms, such as ligatures, as well as the normal character forms.

右对齐编排文字

有时候为了与图片相呼应，可以将文字齐右编排。

（4）居中

　　居中是文字以中心为轴线，左右两半文字长度相等的排列方式。它的特点是视线更集中，中心更突出，整体性更强，由于形式的紧凑，常给人以庄重、传统、严肃的感觉。

　　在版式设计中，几种文字编排方式经常会综合应用，以更好传递信息。

> 春花秋月何时了，
> 往事知多少，
> 小楼昨夜又东风，
> 故国不堪回首月明中，
> 雕栏玉砌应犹在，
> 只是朱颜改，
> 问君能有几多愁，
> 恰似一江春水向东流。
>
> A font is a series of glyphs depicting the characters in a consistent size, typeface, and typestyle. A font is intended for use in a specific display environment. Fonts contain glyphs for all the contextual forms, such as ligatures, as well as the normal character forms.

居中对齐编排文字

文字齐中编排给人以庄严肃穆的感觉。

杂志内页中，正文用的是左右均齐的编排方式，左侧的注文用的是齐左编排。不同的对齐方向可以很好地区分信息内容。

我们经常可以在杂志的封面上看到齐左或者齐右排列的导读标题。

3. 段落的划分

在我们上小学的时候，就知道段落划分要"开头空两格"，其实在版式设计中，段落的划分可以有很多种办法。

（1）首行缩进

在一段文字的开头缩进去一个或者两个字符，这种段落划分的方法在设计书籍、杂志和报纸上很常见。一般段落首行第一个文字会缩进 1—3ems（em 相对于当前对象内文本的字体尺寸）。

（2）段落缩进

整个文字段落等距离依次缩进，这种划分方法可以增加版面的阅读趣味性，经常会用在金融表格或者科学数据的图表编排中。

> 　　版面编排设计的最终目的在于使内容清晰、有条理、主次分明，具有一定的逻辑性，以促使视觉信息得到快速准确地表达和传播。
> 　　对于一个特定信息版面的具体编排而言，各种元素的统筹和富有创意的表现，不仅是方便阅读的需要，也是产生视觉美感的需要，因此形式美的法则是影响 版面编排优劣的决定性因素。
> 　　符合形式美法则的编排设计能使版面简洁、生动、充实和协调，更能体现秩序感，从而获得更好的视觉效果。

首行缩进一个字符（1em）。

> 　　版面编排设计的最终目的在于使内容清晰、有条理、主次分明，具有一定的逻辑性，以促使视觉信息得到快速准确地表达和传播。
> 　　对于一个特定信息版面的具体编排而言，各种元素的统筹和富有创意的表现，不仅是方便阅读的需要，也是产生视觉美感的需要，因此形式美的法则是影响 版面编排优劣的决定性因素。
> 　　符合形式美法则的编排设计能使版面简洁、生动、充实和协调，更能体现秩序感，从而获得更好的视觉效果。

首行缩进两个字符（2ems）。

（3）增加行距

在段落之间增加等比例的行距，通常一倍行距为佳。如果每行文字很少，或者行宽短，就不可以用这种方法，因为增加段落距离会占用太多的空间，人的眼睛在阅读时会因为看到过多的空白而影响阅读。

（4）首字放大

在版面设计中，有些文章、段落或章节的首写字会刻意比文中其他字大，这样新的章节就很清楚明了，同时在视觉上，可以为版面带来注目焦点，打破平庸的格局，起到活跃版面的效果。首字放大在杂志中常见。

为了让读者能够拥有最佳的阅读体验，设计师需要不断地推敲版式设计的各种细节，根据版型和内容，选择最合适的字体、字号、字距、行距等，这些都是决定版面是否具有易读性的主要因素。好的文字编排可以通过在字里行间创造平顺的视觉流，极大地减轻眼睛的负担，让阅读行为变得毫不费力。

> 版面编排设计的最终目的在于使内容清晰、有条理、主次分明，具有一定的逻辑性，以促使视觉信息得到快速准确地表达和传播。
>
> 　对于一个特定信息版面的具体排版而言，各种元素的统筹和富有创意的表现，不仅是方便阅读的需要，也是产生视觉美感的需要，因此形式美的法则是影响 版面编排优劣的决定性因素。
>
> 　符合形式美法则的编排设计能使版面简洁、生动、充实和协调，更能体现秩序感，从而获得更好的视觉效果。

段落缩进

> 版面编排设计的最终目的在于使内容清晰、有条理、主次分明，具有一定的逻辑性，以促使视觉信息得到快速准确地表达和传播。
>
> 对于一个特定信息版面的具体排版而言，各种元素的统筹和富有创意的表现，不仅是方便阅读的需要，也是产生视觉美感的需要，因此形式美的法则是影响 版面编排优劣的决定性因素。
>
> 符合形式美法则的编排设计能使版面简洁、生动、充实和协调，更能体现秩序感，从而获得更好的视觉效果。

增加行距

首字放大下沉，并且文字不缩进。

首字的基线和随后字的基线相同。

首字大写放大，段落中其他文字相应缩进。

课题训练 文字的编排练习

作业一：文字信息分层重组练习

1. 练习内容

按照不同要求，针对下面一段文本信息完成 10 组编排练习。

2. 练习要求

（1）练习 1—练习 7，在规定同一字体、字号的前提下，根据要求，分别运用改变行距、字重和轴线位置这三个方法重新对文本版式进行编排设计。

文本尺寸： 19cm×19cm（7.5IN×7.5IN）

字号：14 磅

字体：方正兰亭系列

（2）练习 8—练习 10，四种字重的范围内，逐步放开对字号、行距、轴线与排版方向的限制，对文本重新编排。

文本尺寸：15cm×22cm（6IN×9IN）

文本排列：竖排

字号：不限

字体：方正兰亭系列（练习 10 中，标题可考虑选用其他字体）

> 第十届设计与创新教育论坛
> 王斌
> 艺术设计学院视觉传达设计系
> 教授
> 艺术与设计创新
> 10 月 23 日 9：00—11：30
> 艺术设计学院报告厅
> 创新文化与设计教育
> 10 月 24 日 14：30-17：30
> 艺术设计学院主楼 101
> 视觉传达教育新方向
> 10 月 25 日 9：00-11：30
> 艺术设计学院报告厅
> 平面设计协会主办
> 凭学生证入场

3. 练习目的

通过这 10 组练习，我们可以深入探索文字信息在版式设计中有哪些变量可以利用，以及这些变量将会如何影响版面的视觉效果和信息传递的顺序，最终学会在以易读性为基础的前提下，用多样化的视觉表现手法表达文字信息中潜在的等级性和关联性。

另外，作业中规定字体，是为了避免不同的字体在相同的字号、字重和行距中所存在的差异性，从而影响了对字号、字重和行距的敏感度。

信息层级划分示意图

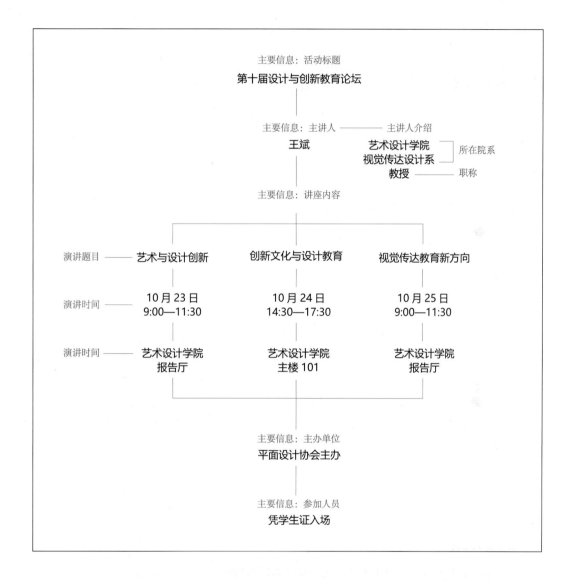

练习1

选择同一字体的同一种字重，可在任意两个字行之间添加一个行距的距离，或者在多个字行之间添加一个行距的距离，文字对齐一条轴线。

（提示：在第一个练习中，我们用到了编排设计中一个常见的设计原理，即靠近原则——距离相互靠近的元素会被默认为是同一组信息，而距离相对较远的元素则会被认为是孤立的信息。利用这种原理，有助于更好地组织文字信息和划分层次。同时，我们会发现文字对齐的轴线在版面中的位置不同，也会带来很多意想不到的视觉效果。）

作业案例 1-1

第十届设计与创新教育论坛
王斌
艺术设计学院
视觉传达设计系教授

艺术与设计创新
10 月 23 日 9:00-11:30
艺术设计学院报告厅
创新文化与设计教育
10 月 24 日 14:30-17:30
艺术设计学院主楼 101
视觉传达教育新方向
10 月 25 日 9:00-11:30
艺术设计学院报告厅

平面设计协会主办
凭学生证入场

点评：通过在不同字行中添加一个行距的距离，使原本排列在一起的文字被粗略地分成了三段，第一段是活动标题和主讲人，第二段是演讲内容，第三段则是主办方和入场条件。

作业案例 1-2

第十届
设计与创意
教育论坛

王斌教授
艺术设计学院
视觉传达设计系

艺术与设计创新
10 月 23 日 9：00—11：30
艺术设计学院报告厅
创新文化与设计教育
10 月 24 日 14：30—17：30
艺术设计学院主楼 101
视觉传达教育新方向
10 月 25 日 9：00—11：30
艺术设计学院报告厅

平面设计协会主办
凭学生证入场

点评：在作业 1-1 的基础上，在第一段中运用了字行断行的方法，把第一段文字断成了三行，分别是"第十届""设计与创新""教育论坛"。第二段的文字通过改变字词位置调整了字行的长短，把原本在"视觉传达系"后面的"教授"两个字放在了"王斌"后面，改进了作业 1 第二段文字排列出现的阶梯状视觉曲线，极大地改善了版面的美观度。

作业案例 1-3

第十届
设计与创新
教育论坛

王斌教授
艺术设计学院
视觉传达设计系

艺术与设计创新

10 月 23 日 9:00-11:30
艺术设计学院报告厅

创新文化与设计教育

10 月 24 日 14:30-17:30
艺术设计学院主楼 101

视觉传达教育新方向

10 月 25 日 9:00-11:30
艺术设计学院报告厅

平面设计协会主办

凭学生证入场

点评：对文字内容做了更细致的划分，例如将主办方与入场条件划分出来，形成两个单独的字行。

作业案例 1-4

第十届
设计与创新
教育论坛

王斌教授
艺术设计学院
视觉传达设计系

艺术与设计创新

10 月 23 日 9:00—11：30
艺术设计学院报告厅

创新文化与设计教育

10 月 24 日 14:30—17：30
艺术设计学院主楼 101

视觉传达教育新方向

10 月 25 日 9:00—11：30
艺术设计学院报告厅

平面设计协会主办

凭学生证入场

点评：在段落划分保持不变的基础上，将文字对齐的轴线向右移动，右移后的轴线使版面左侧形成一个较大的空白闭合矩形空间，整个版面看起来更加规整。

作业案例 1-5

点评：文字齐右排列，在作业案例 1-4 基础上继续右移轴线，使版面左侧形成一个不规则形的空白的闭合空间。

作业案例 1-6

点评：所有文字沿着一条中心轴线，左对齐或右对齐进行排列，这是一种常用的轴线对称式的编排方式，版面看起来非常均衡平稳。

练习 2

选择同一字体中的两种字重，不添加行距，对齐一条轴线。

（提示：通过练习 2 的训练，我们会发现字的笔画越粗，版面肌理越深，信息的识别度越强；笔画越细，版面肌理越浅，信息的识别度也就随之降低。因此，合理地选择不同粗细笔画的字体，巧妙地利用字重对比，也可以很好地划分信息的主次关系。）

作业案例 2-1

点评：字体使用的是方正兰亭纤黑简体与方正兰亭准黑简体，这两款字体在字重上比较相似，容易降低信息区别度，因此，我们要避免把字重相似或者字形相似的文字排列在一起。

作业案例 2-2

点评：在编排中，不但利用字重强调文本中整个段落或者整行文字，还突出同一行中的某个词汇，使信息的层次更加丰富。同时利用文字的右对齐编排方式，改变版面的视觉效果。

作业案例2-3

点评：第一行的粗体字形成了一条明显的分割线，把版面划分成一大一小的几何块面，使版面充满某种向下的张力。

作业案例2-4

点评：以对称式轴线编排为基础，加入不同字重，细分信息的主次关系。

练习3

选择一种字重，不添加行距，通过向左或向右移动某行文字来对齐两条轴线。

（提示：对齐不同的轴线，可以让版面中不同的视觉元素产生内在的关联，所以通过对齐不同的轴线来进行信息划分，是编排设计常用的方式。）

作业案例3-1

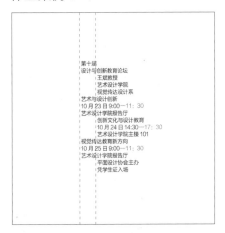

点评：文字分别对齐两条轴线，这两条轴线把版面中的文字分成两组。但由于轴线与轴线之间的距离较近，文字左侧外在版面形会形成一个矩形的闭合空间，看上去会略显得中规中矩。

练习案例3-2

点评：案例3-2在3-1的基础上，增加了轴线之间的距离，其中3-2的每行文字有规律地沿着两条轴线对齐排列，最后呈现出有点类似于3-1中"增加行距"的效果，两组文字又通过大小不同的行间距，对信息进行更深一层的分割。

作业案例 3-3

点评：两条轴线之间的距离较远，导致版面中的文字在空间上被划分得比较远，即便如此，轴线依然可以使对齐的文字在视觉上形成某种关联，归纳成一组，从而使整个版面显得富有条理。

作业案例 3-4

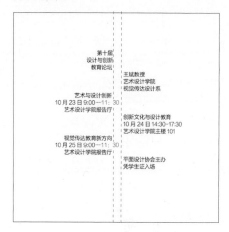

点评：文字齐左或齐右分别对齐版面中间的两条轴线，整个版面形成六个相隔均衡的文字段落。

练习 4

选择一种字重，不添加行距，通过向左或向右移动某行文字来对齐三条轴线。

（提示：轴线对齐是编排设计中最常用的手法之一，在练习过程中，我们可以体会到，不再改变字重和行距，只改变不同对齐轴线之间的距离，也可以让信息层次清楚地划分出来。）

作业案例 4-1

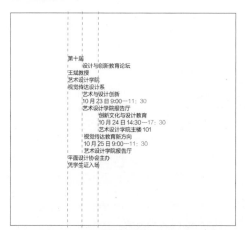

点评：文字分别对齐三条轴线，这样的对齐方式不会突出某个单独的文字信息，一般主要用来划分大的段落关系。由于三条轴线相互之间的距离比较接近，整个版面看上去比较整体。

作业案例 4-2

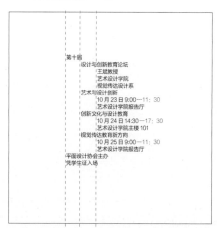

点评：案例 4-2 与 4-1 轴线的位置相同，只是对齐的文字内容略有改变，突出的是类似于"艺术与设计创新"这样的有关演讲主题的字行。

作业案例 4-3

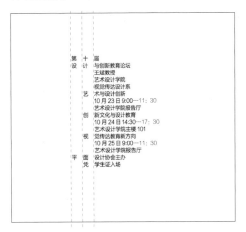

点评：特殊的字、词、行的对齐方式，会打破我们以往的阅读习惯，版面被分割成了一些非常有趣的空间形态，从而带来新的阅读感受。

作业案例 4-4

点评：文字以轴线对齐的段落排列方式进行编排，由于对齐的三条轴线的位置比较分散，使得版面空间看起来比较均衡。

作业案例 4-5

第十届
设计与创新
教育论坛
　　　　　王斌教授
　　　　　艺术设计学院　　　　视觉传达设计系

艺术与
设计创新
　　　　　10 月 23 日
　　　　　9:00—11: 30　　　　艺术设计学院报告厅

创新文化与
设计教育
　　　　　10 月 24 日
　　　　　14:30—17: 30　　　艺术设计学院主楼 101

视觉传达
教育新方向
　　　　　10 月 25 日
　　　　　9:00—11: 30　　　　艺术设计学院报告厅

平面设计协会主办　　　　凭学生证入场

点评：轴线的位置相比案例 4-4 基本没有改变，但是对齐轴线的文字分别进行了拆分和断行，例如将演讲主题、时间、地点分别对齐三条不同的轴线，同时对"时间"文字进行了断行的处理，即将原本一行的文字拆分成两行，使版面看上去不那么拥挤。

作业案例 4-6

点评：三条轴线，其中两条轴线离得较近，另一条较远，根据"靠近原则"，实际上将这些文字在版面中分成了两大组，即对齐轴线 1 和轴线 2 的文字段落为一组，对齐轴线 3 的文字段落为另一组。

练习 5

选择两种字重，在任意字行之间添加一个行距的距离，对齐一条轴线。

（提示：练习 5 其实是练习 1 与练习 2 的结合，文字编排中的变量不再局限为一个，而是变成两个——行距和字重。行距变化可以形成"疏密对比"，而字重的变化可以形成"肌理对比"，通过该练习，我们可以看到合理地运用两种对比关系，能使信息的划分变得更加细致。）

作业案例 5-1

点评：先利用行距将文字分成四个段落，再用粗体字强调第三段，即演讲的主题、时间、地点，这样的编排显得比较概括和整体，突出的是整段内容。

练习案例 5-2

点评：5-2 与 5-1 相比，使用粗体字突出具体的内容，强调的是时间概念，而非像 5-1 那种突出的是整个段落。

作业案例 5-3

点评：改变了文字的排列方向，将文字齐右排列，同时改变了强调的信息，突出是地点信息。

作业案例 5-4

点评：依旧沿用了对称式轴线编排，在对文字细致地分组之后，又利用粗体字将每组中的标题信息与时间地点信息区分开。

练习6

选择两种字重，不添加行距，通过向左或向右移动某行文字来对齐两条轴线。

（提示：练习6是练习2与练习3的结合，我们学习将"字重变化"和"轴线位置变化"这两个常用的设计手法结合运用。同时，会发现练习6与练习2、练习3中的作业相比，在视觉层次感上更加丰富。）

作业案例6-1

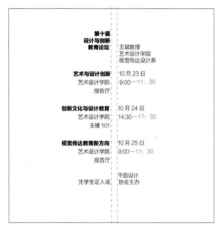

点评：两条对齐的轴线极其接近，运用了对称式轴线排列的方法。文字分别以齐左和齐右的方式对齐版面中间的两条轴线，均衡对称式的排列显得平稳和严肃。

作业案例6-2

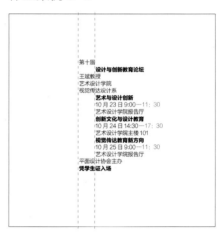

点评：通过不同轴线的对齐，依次划分大的层次关系，在此基础上再用粗体字强调每组信息中的主要内容。

作业案例6-3

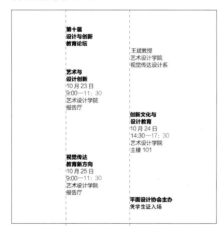

点评：轴线之间相隔较远，同时也拉开了文字段落之间的距离，这些文字段落形成了版面中几个均衡排列的块面，每个块面的最上端是用粗体字强调的标题，这样的编排方式看起来相当平稳，并且主次分明。

作业案例6-4

点评：文字段落相互远离，分别位于版面的左右两侧时，版面很容易显得杂乱无章。但是由于对齐轴线的牵引，让原本远离的文字段落之间产生了一种内在的视觉关联，这样的编排方式让元素之间既不相互干扰，同时又具有一定的内在联系。

练习 7

选择一种字重，在任意字行之间添加一个行距的距离，通过向右或向左移动某段文字来对齐三条轴线。

（提示：练习 7 是练习 1 与练习 4 的结合，强调的是运用行距变化和轴线位置变化来完成版面文字信息的编排。通过练习，我们会发现这两种变量之间的关系对信息的分级以及文字的阅读顺序会产生相当大的影响。）

作业案例 7-1

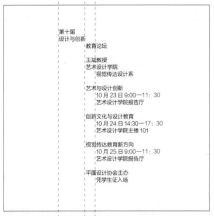

点评：通过对齐不同的轴线，将内容分组，在此基础上利用行距对演讲的内容按照时间顺序再细分，使得信息划分更加清晰。同时由于轴线相互之间靠近，所有文字看上去更像是一个密不可分的整体。

作业案例 7-2

点评：三条轴线中的两条相互接近，另一条轴线距离其他轴线较远，左侧轴线对齐的文字是演讲主题，中间轴线对齐的文字强调的是时间与地点，右侧轴线对齐的文字为辅助信息。

作业案例 7-3

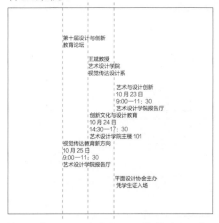

点评：作业 7-3 在作业 7-1 的基础上，将三条轴线稍微拉开距离，并且通过添加一个行距的方式，使得内容的划分看上去较为清楚。同时版面中的三块演讲内容之间无行距，使其在版面整体上体现出一定的关联性，而三块演讲内容的外部呈现出的台阶状的留白空间为版面增添了一些趣味性。

作业案例 7-4

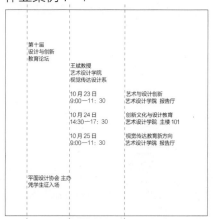

点评：三条轴线相隔较远，从而将对齐轴线的文字拉开了一定距离，在视觉上有足够的留白空间，看起来舒适度也比较高。中间轴线对齐的文字以时间信息为主，这种将时间放在演讲主题前面的编排方式也很常用，时间与主题之间的区别与联系较为明显。

练习 8

字号相同，任选四种字重，自由组合文字，不限行距，可以对齐任意轴线，文字可以竖向排列。

（提示：从练习 1 到练习 7 都是尺寸不同的正方形版面，从练习 8 开始，版面都是长方形的，并且练习 8 可以看作是前面几个练习的综合，通过改变字重、疏密关系以及轴线位置等方法对文字进行信息分层。）

作业案例 8-1

点评：作业 8-1 在之前练习 2 与练习 4 的基础上加入了字重的变化，所以在版面构图上与之前的练习略有相似之处。利用轴线的疏密对比，将对齐的文字按照内容分别排列，扩大的行距，增加了段落之间的空间，版面划分得上去疏密有致。字重的变化强调了部分文字细节，重点突出。

作业案例 8-2

点评：作业 8-2 增加了一条轴线，可以看出编排中使用的轴线越多，信息划分就越细致。该作业将活动主题"第十届设计与创新教育论坛"拆分成三个字行，每个字行分别对齐一条轴线，人为地形成一种跳跃式的阅读流线，趣味性较强。

作业案例 8-3

点评：利用轴线的疏密对比，但是主标题改用右对齐轴线的方式，与下一层的演讲人信息产生关联。同时注意均衡每个段落之间的行距，画面的空间分割比较平均。

作业案例 8-4

点评：利用围合式构图，以此次活动主题为版面的中心焦点，联合周围的四组信息。每组文字都水平排列，通过字重变化强调每组中重要的信息。

作业案例 8-5

点评：作业 8-5 是沿着四条对齐的轴线依次排列文字来进行编排的，改变每一个段落文字的第一行字重，由此文字段落形成了一种阶梯状依次向下排列，形成有趣的构图。

作业案例 8-6

点评：作业 8-6 与 8-5 设计思路基本一致，案例 8-6 中增加了一条轴线，并且轴线位置略有调整，由于部分文字改成右对齐竖排，让标题信息更加醒目。

作业案例 8-7

点评：借鉴了中国古代排版的形式，将大部分文字沿轴线垂直排列，在编排时需要注意的是数字及符号的竖排排列形式。

作业案例 8-8

点评：字行以比较松散的方式垂直排列，版面形成很强的线性感，版面空间被分割成大小不一的块面，再改变某些字行的字重，从而增添了版面的节奏感。

练习9

任选三种不同字号、四种字重，自由组合文字，不限行距，可以对齐任意轴线，文字可以按任意方向排列。

（提示：练习9在练习8的基础上，加入字号和文字排列方向的变化，通过该练习，我们会发现，新增加的这些变化会极大地丰富画面的层次，增加画面的视觉冲击力。从该练习中的作业我们也可以发现，限制与要求越少，可采用的设计手法越多，作业中构图的样式与视觉效果也越丰富。）

作业案例9-1

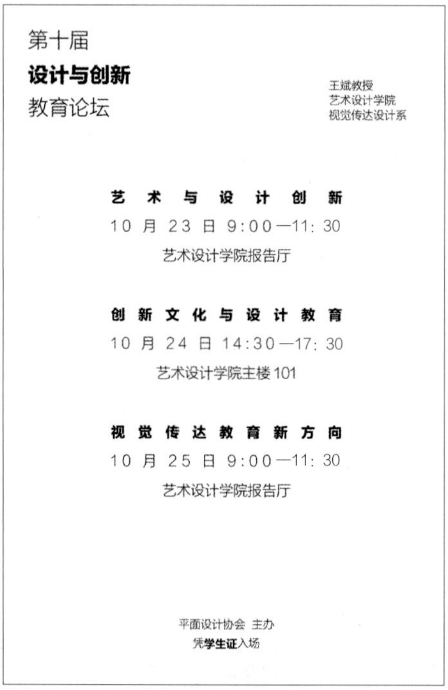

点评：部分文字之间增加了字间距，且采用轴线两边对齐的编排方式，由于字与字、行与行之间的留白较大，使得画面看上去非常正式和严肃，很多政府报告和法院通告就是用的这种版式编排。可见，通过增加或缩小字间距来改变画面的疏密关系和视觉肌理也是一种有效的设计方法。

作业案例9-2

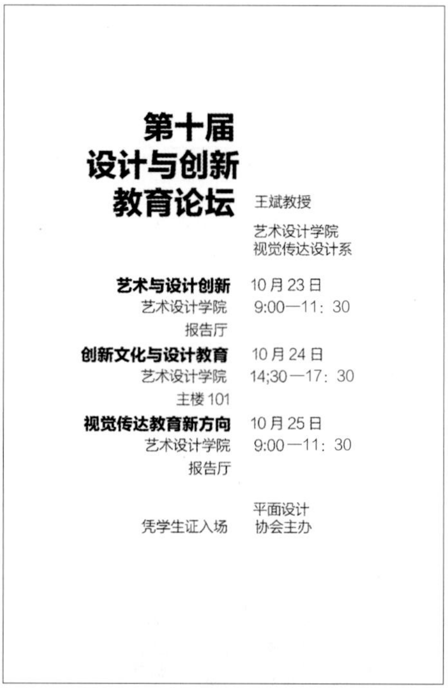

点评：运用对称式轴线的编排，该编排方法在前面的练习中也多次被用到，此处练习增加了字号的变化，使得画面的重点部分更加明了，层次更加清晰。

作业案例 9-3

点评：改变了标题部分的字号，这种改变为版面增添了视觉张力，丰富了信息的层级。

作业案例 9-4

点评：标题采用文字竖排的方式，且将标题中间断开，插入演讲人的信息。部分文字采用断行的形式，用较短字行沿轴线依次排列，解决了版面横向空间不足的问题。

作业案例 9-5

点评：这一案例版式构图在文字的编排方式与位置上进行了变化，画面呈现出完全不同的视觉效果，由此可知版式设计的多样性才是最吸引人的地方。

作业案例 9-6

点评：画面采用的是一种视觉倾斜的编排方式，即文字正常水平排列，但是每个字行都比前一个字行依次缩进一定的距离，造成视觉上的倾斜感。

作业案例 9-7

点评：合理地将文字的水平排列、垂直排列与交叉方向文字的编排结合在了一起。

作业案例 9-8

点评：将文字段落整体倾斜排列，我们在阅读的时候，视线移动的轨迹也随之倾斜，使画面产生一种运动的感觉。

作业案例 9-9

点评：文字对齐的视觉轴线最后汇聚到画面外的某一点上，这样的画面会有一种延伸感，让人潜意识地去探索画面以外的存在。

作业案例 9-10

点评：文字多种方向的倾斜编排，多条相交的视觉轴线给画面带来了相当强烈的活跃度，并且变化的角度越多，构图的随意感越强烈。

练习10

任选字号大小，任选四种字重，自由组合文字，不限行距，可以对齐任意轴线，可任意方向排列、添加辅助线，任意改变字体明度和字体形态。（可以直接由练习8、9改进，也可以重新设计）

（提示：练习10是练习8与练习9的结合，或者说是之前所有练习的一个总结。该练习中添加辅助线的目的是为了让学生了解辅助线这种抽象元素可以引导读者的视觉流程，可以突出和强调文字，改善信息的层次，进而使得版面结构清晰、内容醒目。

经过之前的练习，学生已经基本掌握了文字元素的几种常用编排方法的混合应用，最后增加线条与色调的变化，相信我们会从中发现版面编排设计更多微妙的奥秘。）

作业案例 10-1　　　　　　　　　　作业案例 10-2

点评：运用辅助线条对信息组进行组织和归纳，进而引导视觉的流程，使版面看起来更加整齐和规则。另外，活动标题中用符号"&"代替了原文中的"与"，也是一种不错的尝试。

点评：文字黑白灰色调的变化，不但会改变信息的主次关系，同时也会改变阅读的顺序。通常阅读的顺序为自上而下，自左而右，如果改变文字的色调，读者的眼睛首先会被白色背景中面积最大的黑色文字所吸引，进而再去阅读灰色的文字。利用这个原则，该作业用浅灰色字体弱化了活动主题"第十届设计与创新教育论坛"，用黑色的粗体字突出了演讲内容，造成一种喧宾夺主的感觉。另外，演讲人的信息是用黑色印章的形式显示的，算是一个设计亮点。

作业案例 10-3

点评：文字的排列好似一个倾斜的"w"型，如阶梯状排列的文字让版面充满了流动感，画面中的四条直线分别强调了活动类型以及演讲的地点，对内容做了很好地划分。

作业案例 10-4

点评：倾斜的辅助线把版面划分成不同的几何块面，文字根据内容的不同分别放在不同的块面中。

作业案例 10-5

点评：斜线是最具有动态的视觉引线，因此，倾斜的编排方向会让整个版面充满动态感。

作业案例 10-6

点评：画面中大面积的留白，标题文字放大，信息压缩在左下角，这种不均衡的构图设计感很强。

作业案例 10-7

点评：文字图形化也是一种常用的编排手法，"十"字被抽象成两根垂直相交的黑色粗线条，把版面划分成大小不一的四个空间，相应放入不同的文字信息。

作业案例 10-8

点评：通过黑色色块对版面进行了大胆的空间分割，增强了构图的形式感。

作业案例 10-9

点评：主体信息的文字依照一条倾斜的轴线来排列，透明重叠的文字作为背景放置，使版面具有很强的动感和丰富的层次感。

作业案例 10-10

点评：水波纹式的文字编排是一常用的设计方式，把不同内容的文字组合在不同的同心圆中，形成某种类似扇形的视觉形态，同心圆中的每一层都是一组信息的划分。

作业二　文字表格编排设计

1. 练习内容

NeighborWorks 公司的调查问卷表格设计练习。

2. 练习要求

结合给定文本资料，运用所学文字编排的基本设计技法，完成一系列表格设计练习。

（提示：NeighborWorks是美国纽约的一家房地产公司，该公司需要做一系列的用户调查问卷。在作业中，需要根据问卷的内容，通过改变行距、字距、字体、字号、字重、色彩等文字编排的基本元素，运用不同的文字段落对齐方式，包括添加符号和数字，进行信息的层级划分，把文档资料归纳重组，最终完成新的表格设计，让客户可以轻松完成调查问卷。）

扫二维码
下载练习文本原始资料

作业案例 1

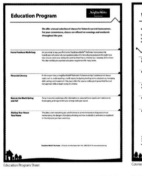

Education Program Sheet

Courses Evaluation Sheet

Pre-class Evaluation Sheet

Lead Hazard Services Sheet

Homebuyer Oritation leaflet

Intake Form

作业案例 2

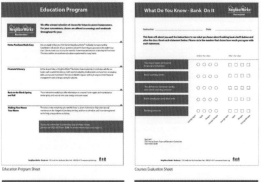

Homebuyer Oritation leaflet

Intake Form

作业案例 3

Education Program Sheet

Courses Evaluation Sheet

Homebuyer Oritation leaflet

Pre-class Evaluation Sheet

Lead Hazard Services Sheet

Intake Form

色彩是版式设计的基本元素之一，艳丽的版面会给人留下深刻的印象，淡雅的版面则让人感到安静舒适，巧妙地运用色彩搭配，可以更好地传递版面的内容和情感。

本章的重点与难点是色彩的表现技巧。本章的目的是帮助读者了解色彩编排的基本特征，掌握色彩编排的方式方法，初步了解版式设计的基本美学观念并建立创新思维模式。

第三章
色彩的运用

第一节　色彩的基本原理

一、色彩模式

　　根据颜色与光线的关系，色彩模式可以分为 RGB 模式和 CMYK 模式两种。

　　由于现在的版式设计一般通过电脑软件设计完成后再由传统油墨印刷的方式输出呈现，这一过程涉及两种不同的色彩模式，设计者需要对此有一个清晰的认识，以便在设计制作过程中对色彩预期效果有较好的把控。

1. RGB 模式

　　RGB 模式又叫三色光模式，是一种加法混色模式。其利用光线本身自带的颜色，通过对红（red）、绿（green）、蓝（blue）三种光色的相互叠加来得到其他的颜色。色光的加法模式使得红、绿、蓝三色等量相加后得到白色，明度提高。电脑屏幕上显示的图像颜色，都是由 RGB 三种色光按照不同的比例混合而成的，因此电脑屏幕中的颜色要比实物的颜色亮。

2. CMYK 模式

　　CMYK 模式是利用减法混色原理，把油墨印在介质上，通过介质的表面对光的反射来表现颜色。青（cyan）、洋红（magenta）、黄（yellow）三种颜色可以混合出其他任何颜色，另外再加上黑色（black，又叫作 key plate），所以这种模式称为 CMYK 模式或者印刷四色模式，大多数印刷品都是由这四色油墨印刷而成。四色相加后得到黑色。印刷产生的色彩要比电脑屏幕上显示的颜色深。

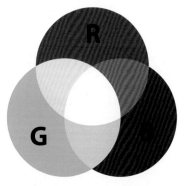

运用加法混色原理，红、绿、蓝三色相叠加，中间的颜色会变浅。

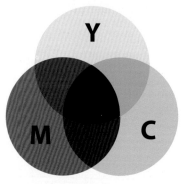

运用减法混色原理，青、洋红、黄三色相叠加，中间的颜色会变深。

二、色彩属性

色彩的分类与表现方法非常多，孟塞尔色彩体系（Munsell Color System）将色彩属性分为色相、明度、纯度，这三种属性是界定色彩感官特征的基础，也是影响色彩呈现效果的重要因素，三者之间相互影响，相互关联。在版式设计中，色彩的三个属性能够引导画面传递不同的情绪，从而刺激人们产生相应的心理感应。

1. 色相

色相是色彩的首要特征，是色彩所呈现的相貌。即便是同一类颜色，也能分为几种色相，例如黄颜色可以分为中黄、土黄、柠檬黄等。人的眼睛可以分辨出约180种不同色相的颜色。

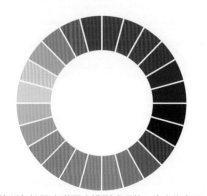

将颜色按照光谱顺序排列成环状，称之为色环。

2. 纯度

纯度又叫饱和度或彩度，是指色彩的鲜艳程度，它表示色彩中所含有色成分的比例。某一色相的色彩，不掺杂白色或者黑色，则被称为原色，原色也是纯度最高的色彩。在原色中加入不同比例的黑、白、灰，纯度就会降低。所以含原色成分的比例越大，色彩的纯度越高，含原色成分的比例越小，色彩的纯度越低。无论什么颜色，纯度越低就越接近灰色。

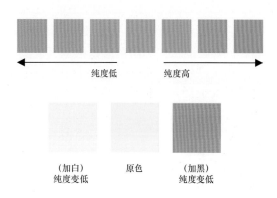

以黄色为例，如果向纯黄色中加入一点白色，纯度下降变为淡黄色；如果向纯黄色中加入黑色或灰色，纯度也会下降。

3. 明度

明度是指色彩的明暗程度，颜色在明暗、深浅上的变化，也就是色彩的明度变化。每一种原色都有与其相对应的明度，在同一种原色中加白，明度会逐渐提高；在同一种原色中加黑，明度会逐渐降低。不论何种颜色，明度最低的是黑色，明度最高的是白色。

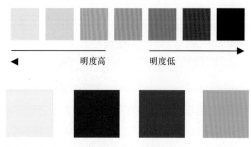

在未调配过的原色中，黄色明度最高，紫色明度最低，红色与绿色为中间明度。

第二节　色彩的意义

一、色彩的象征

色彩会对人的心理产生一定的影响，如我们常说的冷色和暖色就是依据人们的视觉和心理联想对色彩所做的分类。色彩往往还带有社会或者文化含义，不同的色彩被应用在特定的场所或媒介上时，会具有不同的象征含义。

1.宗教中的色彩象征

大多数宗教都有其特定的图像和色彩象征体系，用以传播教义、增强辨识度等。如基督教中，深蓝色被当作是圣母玛利亚的象征，代表纯真的爱和由衷的悲伤。绿色在伊斯兰教中象征生命和自然。在印度宗教中，为了修行所需而建立的土台上一般会有精美的图案装饰，这个图案就被称作曼荼罗，曼荼罗图案中的黑色代表忧郁或悲恸的情绪，白色代表纯洁，蓝色代表着思考与教化的真理，红色代表大慈大悲等。

2.纹章中的色彩规则

中文中"纹章"（Coat of Arms）一词的翻译源于日文，是指一种按照特定规则构成的彩色标志，专属于某个人、家族或团体的识别物。欧洲的纹章亦称盾章，诞生于欧洲12世纪的战场上，据说是参加十字军东征的骑士们首先使用的，在衣服、

曼荼罗图案，现藏于纽约鲁宾艺术博物馆，图案内部中间的圆形部分是许多曼荼罗的起始点，也是宇宙的焦点，是观看者冥想时被吸引的中心点。

盾牌和旗帜上的纹章标识，主要是为了便于区分敌我，其作用类似于现在的标识。

纹章的设计、授予、展示、描述和记录的专门学问，称为纹章学（Heraldry）。在纹章学中，色彩的运用被严格控制在六种之内，分别为红色、蓝色、绿色、黑色、黄色、白色。这六种色彩被分为两组：第一组为金属色，包括白银（白色）和黄金（黄色）；第二组为背景色，包括红色、黑色、蓝色、绿色。好的纹章设计要求在

背景色与金属色交替出现，所以色彩运用的基本原则是禁止将属于同一组的色彩并列或叠加运用。譬如金色不可跟银色毗邻，红色不可跟紫色毗邻，这似乎也是为了让色彩形成深浅对比，使纹章看起来鲜明容易辨识，千百年来也得到人们的自觉遵守，现代国旗设计也大多遵从这条规则。这一点对于我们的配色应有启发。

西班牙国旗及其上的西班牙纹章。

小说《哈利·波特》中霍格沃茨魔法学校的纹章。

二、色彩对人的心理影响

色彩与物体或者环境之间的关联，往往会唤起某种心理联想，进而传递不同的情感。例如绿色令人联想到树木，绿色就意味着自然、生长、生命力等；红色令人联想到太阳，所以红色代表了能量与热情，如果由红色联想到血液，那么红色就意味着血腥与暴力。

黑色：象征权威、高雅、低调、创意；也意味着执着、冷漠、防御。

灰色：象征诚恳、沉稳、考究。

白色：象征纯洁、神圣、善良、信任与开放。

海军蓝：象征权威、保守、中规中矩与务实。

褐色：典雅中蕴含安定、沉静、亲切等意象，给人情绪稳定、容易相处的感觉。

红色：象征热情、性感、权威、自信，是个能量充沛的色彩。

粉红色：象征温柔、甜美、浪漫、没有压力，可以软化攻击、安抚浮躁。

橙色：给人亲切、坦率、开朗、健康的感觉。

黄色：明度极高的颜色，能刺激大脑中与焦虑有关的区域，具有警告的效果。

绿色：象征自由和平、新鲜舒适，给人无限的安全感。

蓝色：灵性、知性兼具的色彩。明亮的天空蓝，象征希望、理想、独立；暗沉的蓝，意味着诚实、信赖与权威，很多国家的国旗都采用这种暗沉的蓝色。

紫色：象征着优雅、浪漫，带有高贵、神秘、高不可攀的感觉。

第三节　配色方法

一、有色系与无色系搭配

色彩除了具有色相、纯度、明度三个基本属性之外，还可以分为有色系与无色系。有色系就是指红、橙、黄、绿、青、蓝、紫，或者具有这七种颜色中任意一种色彩倾向的颜色。不论含有这七种色彩倾向的程度高与低，都属于有彩色系。黑色、白色，以及各种由黑白调和而成的深浅不一的灰色，被称为无色系或者中性色。

黑、白、灰的组合属于无色系组合，例如黑与白、黑与灰、中灰与浅灰，或者黑、白与灰，黑、深灰与浅灰等。这些组合看起来庄重、简洁，富有现代感。

无色系与有色系搭配，例如黑与红、灰与紫，或者黑、灰与红，黑、白与黄等，画面会显得既活泼又大方。黑、白、灰三色与有色系色彩搭配，能突出有色系色彩，起到协调、缓解的作用。无色系面积大时，画面偏向严肃；有色系面积大时，画面活泼感加强。

杂志内页中采用的黑白照片，画面中黑、白、灰的对比看起来庄重和高雅，且富有现代感。

黑色、白色与有色系搭配，可以突出色彩。

二、对比色搭配

色彩对比有色相对比、纯度对比、明度对比、冷暖对比、面积对比等，编排设计中灵活运用色彩的各种对比关系可以丰富版面的层次，增强视觉的冲击力。

1. 色相对比

由色相差别而形成的对比称为色相对比，是色彩对比中最常见的一种对比方式。色相对比的强弱程度取决于两种颜色在色环上的距离，距离越小，色相对比越弱，画面越和谐，也可能越单调；距离越大，色相对比越强，画面越抢眼，也可能越杂

黑与白的组合，画面视觉对比最强。

乱。不同色相所具有的情感表达各不相同，利用不同的色相，可以直观地表达画面所要传递的信息与情感，让作品更具感染力。

撞色搭配是色相对比中效果最强烈的一种配色，包括对比色搭配或补色搭配。对比色是指色环上相隔120°的高纯度颜色，例如橙色与绿色，黄色与蓝色，这种配色组合通常具有较强的视觉冲击力；补色指色环上以180°对应的两个高纯度颜色，如红与绿、黄与紫等。撞色搭配可以提升整个版面的吸引力，营造出极具感染力的视觉气氛。

撞色搭配也具有功能性作用。现实生活中，如果我们的眼睛长时间地盯着一面红色的旗子看，然后迅速将眼光转移到白墙上，就感觉白墙看起来是青绿色的。这是因为在观察颜色的时候，人的眼睛为了获得平衡会自动形成补色作为调剂。手术室里的医生穿的手术服是青绿色也是这个道理，绿色是红色的补色，医生穿上了青绿色的手术服，手术中看到红色，也看到青绿色，从而避免了视觉疲劳。在版式设计中，可以通过大胆地使用补色对比，强化视觉对比关系来增加画面的节奏感。

因为补色在色环上是完全对立的颜色，在使用时最适当的做法是将一种作为主色，另一种作为强调色；或者是在两者之间加入一种中性色进行中和。

美国 Target 超市为了圣诞节推出的一组广告宣传，整个店的标识系统色为红色，画面中的孩子们穿上色绿衣服，巧妙地结合成传统的圣诞色，艳丽的补色因大面积白色（中性色）的介入而不再显得过火。

The Body Shop 一组补色对比的产品广告设计。

使用浅黄与蓝色、橙色与海军蓝对比的海报，画面具有节奏感。

2. 纯度对比

纯度对比就是色彩的鲜艳程度对比。色彩的纯度可以分为三个层次：接近纯色的高纯度色，接近灰色的低纯度色，介于高纯度色和低纯度色之间的中纯度色。三种不同纯度的颜色相互组合，可以形成多种强弱对比关系。

●以高纯度色为主的强对比：主体色为高纯度色，点缀色为中纯度和低纯度色；

●以低纯度色为主的强对比：主体色为低纯度色，点缀色为高纯度和中纯度色；

●以中纯度色为主的弱对比：主体色为中纯度色，其他色接近中纯度色；

●以高纯度色为主的弱对比：主体色为高纯度色，其他色接近高纯度色。

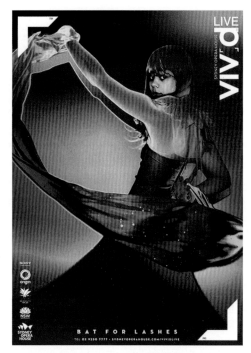

高纯度色的强对比，主色为高纯度色，辅助色为低纯度色，画面会产生强烈的视觉刺激。

低纯度色的弱对比，主色与辅助色都是低纯度色，画面显得含蓄、朦胧。

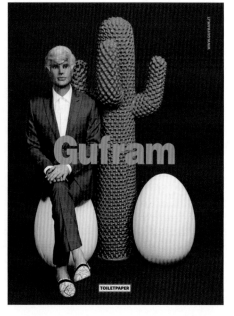

高纯度色的弱对比，主色与辅助色都是高纯度色，画面色彩浓郁。

3. 明度对比

　　明度对比是指色彩明暗程度的对比，也称色彩的黑白度对比，是色彩构成的最重要的因素。

　　色彩的明度对比对画面效果的清晰与明快起着关键性的作用，在任意色相中分别加入黑色和白色，都可以制作九个梯度的明度色标，根据明度色标，可以把九个梯度的明度划分为三大调：低调、中调、高调。靠近黑色的三级为低调，中间三级为中调，靠近白色的三级为高调。三级以内的色彩进行对比为短调对比，画面具有含蓄、模糊的特点；相差四到五级的色彩对比为中调对比，画面具有明朗、爽快的特点；相差六级或以上的色彩对比为长调对比，画面具有强烈、刺激的特点。

红色图形在绿色的底上，色相对比较强，但是明度对比较弱，所以图形清晰度会比较差；相反，淡紫色的图形放在深紫色的底上，色相对比较弱，但明度对比较强，所以图形清晰度反而会提高。

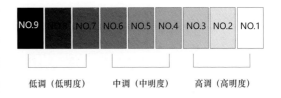

色彩明度的九个梯度

高调配色，以高调区域的黄色为主导色，形成高调的弱对比效果，画面看上去很明亮，给人以轻松欢愉的感觉。

中调配色，以中调区域色彩为主，配以明度稍深或稍浅的色，形成不强不弱的对比效果，具有稳定、明朗、和谐的效果。

低调配色，以低调区域色彩为主导色，配以明暗反差大的高调色彩，看上去压抑、深沉，富有刺激性。

　　明度可以表现版面的层次感，于内容的辨识度上起着非常大的作用。如果只有色相对比而无明度对比，文字的轮廓会难以辨认；如果只有纯度对比而无明度对比，文字的轮廓形状同样会难以辨认，因此我们不光要考虑版面内容本身的颜色，还需要考虑背景的颜色，只有最佳的色彩明度对比才可以达到最佳的阅读效果。

7p 微软雅黑

10p 微软雅黑

字号的大小会影响信息的阅读，字号越小，文字与背景色越需要在色相和明度上加强对比。

白色底黑字

深灰色底黑字

浅灰色底白字

深灰色底白字

黑色底白字

白底黑字具有最佳的阅读效果。黑与白的搭配，很多日本设计师应用得相当完美，恰到好处。我们在原研哉的作品中可以体会到在纯白的版面中，黑色的字不只是字，也是装饰，更是美的元素。

绿色底蓝色字

浅绿色底蓝色字

明度对比越强烈，画面的阅读效果越好。例如，在上图中，文字与背景的明度过于接近，在下图中，我们提高了背景的明度，文字与背景的明度差别加强，可以看到下图的阅读效果比上图的阅读效果要好。

蓝色底红色字

蓝色底浅红色字

在色环上离得很近的两个深色搭配在一起，阅读效果不会特别好，例如蓝色和红色，而提高红色的明度，蓝色背景与浅红色文字搭配，清晰度会好很多。

黄色底橙色字

浅黄色底深橙色字

在用类似色时，如果两种颜色没有明度对比，会造成文字轮廓难以辨认。通过提高背景色的明度，同时加深文字的颜色，文字的识别度就会好很多。

　　图片中的文字，可以通过加强明度
对比来提高识别性。例如在灰暗的画面
中添加文字，可以选择高明度或者接近
白色的文字颜色；在明亮的画面中添加
文字，则可以选择低明度或者接近黑色
的文字颜色。

为了让多色彩的文字醒目，选择了可
以和任何颜色形成明度对比的黑色作
为背景。

白色的文字在黑色背景中十分
醒目。

《碟中谍》电影海报，红色的文
字在低明度的画面背景中，并不
是很凸显，反而给人一种不确定
的神秘感。

在一段文字中，可以利用不同颜色强
调相关信息。

该唱片封面设计中，文字采用不同颜色，很
好地对内容进行了视觉上的划分。

4.冷暖对比

　　色彩的冷暖感主要来自于人的生理与心理感受。在视觉上，冷色有后退的倾向，适合作为背景色；而暖色有前进的倾向，适合作为内容的强调色。注意：暖色有火热感，画面效果强烈，在使用时一定要控制量。如果一定要用暖色，必须增强冷色的使用面积或使用量，才能达到画面和谐的效果。即便是冷暖色均衡的情况下，暖色依旧在视觉上支配冷色，因此，一定要仔细分配冷暖色的面积。

一组渐变冷暖色调对比的版式设计。

该杂志内页中，左图以橙黄色调为主，右图以蓝绿色调为主，整个版面呈现冷暖色调等量对比，由于版面底色的中性色调，缓解了对比效果。

同一内容，冷色调与暖色调呈现出不一样的视觉效果。

5. 面积对比

色彩的面积对比是指两种或两种以上颜色呈现不同比例的面积，显示不同量的色彩的组合关系。当两种颜色以相等的面积比例出现时，这两种色的冲突就达到了顶峰。色彩的面积对比越悬殊，小面积的色彩越具有突出的视觉冲击感，例如大面积黑白灰关系与小部分有彩色产生的对比，画面就会产生较强的节奏感。

研究表明，当黄：橙：红：紫：蓝：绿＝3：4：6：9：8：6，这样的色彩面积比会产生静止而安然的效果。

在以黑白灰为主的画面中，小部分带有色彩的视觉元素，打破了画面的沉闷，使版面更具活力。

黄色与蓝色、红色与绿色等面积搭配，画面凸显出张扬的个性。

三、渐变色搭配

渐变色是指颜色从明到暗，由深转浅，或是从一个色相缓慢过渡到另一个色相，充满变幻无穷的神秘浪漫气息。渐变色可以是色相的变化、纯度的变化，也可以是色彩明度的变化，常见的渐变色有紫色到粉色到白色、蓝色到绿色到黄色等。当多种不同的色彩之间呈现出深浅、明度、饱和度上的渐变时，画面会变得更加富于艺术韵味。

采用渐变色的画面。

采用渐变色的画面会充满迷幻的视觉效果。

四、色彩的透叠搭配

　　单纯的色彩之间的相互叠加，会形成其他不同的颜色，例如红色与黄色叠加会得到橙色，黄色与蓝色叠加会得到绿色等。在版面设计中还会经常见到色彩与图片的透叠效果，使用半透明色块叠加到图片上，这种效果能够让图片呈现某种独特的气氛，强化版面的信息。

　　色彩的透叠可以增添画面的视觉表现力，有效地唤起观者的情绪。在运用色彩透叠时，需要注意具体透叠形成的颜色与画面的构成关系，明暗色调以及面积对比等要素，从色彩的实际属性和搭配规律出发，在形式上寻求差异化的表现。

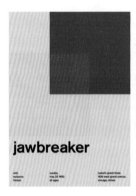 

单纯的透明色彩之间叠加，充满现代主义的画面风格。

透明色彩与图片的叠加，可以改变画面的色调，版面效果更加丰富和细腻。

第四节　配色的来源

　　在具体的设计中，良好的配色效果有时并非设计师对着色环选择出来的，而是设计者自己去发现和提取形成的。色彩的提取是指将自然界和社会生活中的色彩进行分析、采集、概括、构成的过程。在色彩的采集、过滤和选择的过程中，首先需要分析原图的色调、色彩面积与形状，提取其中具有典型性色彩的个体或者局部。色彩的组合则是指将提取出来的色彩按照预先设计的轨道进行重新归纳与组合构成，用以传递新的信息。

一、从大自然中提取

　　大自然中的色彩千变万化、无穷无尽，包括植物色、矿物色、动物色。大自然是我们获取设计素材的最佳来源，有太多的自然配色值得我们去观察、发现和提炼。

美国西部大峡谷环境中的色彩提取，色彩搭配整体饱和度偏低，给人以平稳温和的感受。

绿色植物的色彩提取，同类色的配色方案，给人富有生机的心理感受。

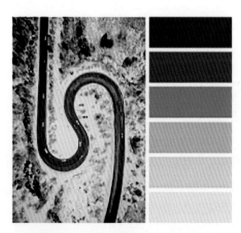

从下雪的高速公路图片提取的一组低纯度配色，接近灰色和不同明度的蓝色，让人联想到冬季的寒冷。

秋天芦苇结霜的色彩提取，一组低明度黄色与其近似色的搭配，给人以柔和的感受。

二、从中国传统图案中提取

我国的传统艺术种类繁多，而不同时期的传统艺术风格又具有不同的色彩特征，反映了当时的社会文化背景与时代特色。传统的民间艺术往往具有鲜明的地方特色和民族风格，色彩多呈现出高纯度、强对比、自由搭配的特征。这些优秀的艺术文化遗产是我们学习中国特色传统色彩文化搭配的最好范本。

从中国传统图案中提取的色彩，以红、黄、蓝、绿为主，明亮的色调带给人喜庆的感觉。

红色与绿色是传统图案中最常用的对比色，非常具有中国民族特色。

唐三彩中提取的颜色，可以看出釉彩在高温作用下产生了黄、绿、白、褐等色彩。

从青花纹样中提取的一组色彩，不同明度的蓝色，增强了画面的层次感。

三、从西方经典绘画中提取

　　西方经典绘画中对色彩的应用反映了各个时期人们对艺术的认知和审美习惯的差别，甚至每个画家对于色彩的感觉和运用都有着自己的独特的见解，这些经典绘画作品中的色彩也是我们提取配色的良好案例。

　　正如从威廉·莫里斯设计的图案中提取的色彩，会让人联想到英国"工艺美术运动"，从不同对象中提取的色彩，一定程度上传递了被提取对象的特征与概念。除此之外，因为色彩能引起联想，因此我们在运用色彩进行搭配时还需要遵守一些传统习惯，例如红色通常会引起人们的视觉警惕，所以交通指示牌中多采用红色表示禁止；而政府部门都偏向于使用蓝色作为自己的标识颜色，因为蓝色被公认具有安静、稳重和信息的特质。

凡·高的《向日葵》中多以黄色和棕色为主，充满了阳光般的亮丽色彩。

威廉·莫里斯设计的装饰纹样，图案中这种暖灰绿色调往往让人联想到英国"工艺美术运动"。

爱德华·蒙克的《呐喊》，画面中的色彩传递出一种浓烈的郁闷、焦虑的情感。这一配色体现出现代人苦闷的情绪。

从绘画肌理中提炼出来的一组浅色组合，表达出安静与和谐的情感。

水彩画肌理中明亮的色彩组合，使人觉得轻松愉悦。

课题训练　色彩的编排练习

作业一：主题性色彩属性关系训练

1. 练习内容

以四季为主题的色彩搭配练习。

2. 练习要求

在同一内容的画面中，通过改变色彩属性及对比关系，同时利用色彩的联想与情感启示，进行色彩配色练习，呈现出四季特征。注意画面中冷暖色调的变化。

作业案例

点评：春天，是四季中最富有生命力的季节，色彩使用最多的是绿色与黄色，让人联想到青春、成长、活力。在色彩搭配中应运用鲜艳、明亮的对比原则，以体现大自然的朝气蓬勃与欣欣向荣。夏天，使人想到明媚的阳光和郁郁葱葱的树木，画面可以深绿色调为主，浅渐进色或者相邻色搭配，例如灰绿色、灰蓝色等，给人以清新、安详的感觉。秋天，是丰收的季节，颜色以暖色调为主，用金色、黄色、橙色、褐色等暖色的相互搭配来体现自然与成熟，给人以温暖的感觉。冬天，可以冷色调为主，例如冰蓝色、冰绿色等，容易让人联想到冰雪、寒冷、安静，或者以黑白为主的无色系也是非常适合冬天的色彩搭配。

作业二：主题性色彩提炼与色彩版式构成训练

1. 练习内容

分别以环保、奢华、机械为主题，选择相关的图片，对其色彩进行提炼，并利用所提取的色彩，进行点、线、面的版式构成练习。

2. 练习要求

根据主题要求，通过对具有相关主题特征的色彩进行收集、整合、分析，提炼出与主题相关联的色彩，合理运用色相、纯度、明度之间的调和与对比关系，结合点、线、面的构成，进行色彩的版式构成练习。

作业案例 1

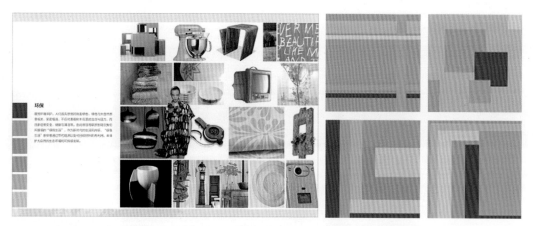

环保主题的色彩提炼练习　　　　　　　　　　　　　环保主题的色彩版式构成练习

点评：提到环境保护，人们首先想到的就是绿色，绿色是一种与大自然紧密相连的色彩，不仅代表着树木花草的生命与活力，而且象征着安全、健康与清洁等，也很容易联想到现在我们所积极提倡的"绿色生活"，即通过节约能源以及对可回收材料的再利用，来保护大自然的生态环境，实现可持续发展。

作业案例 2

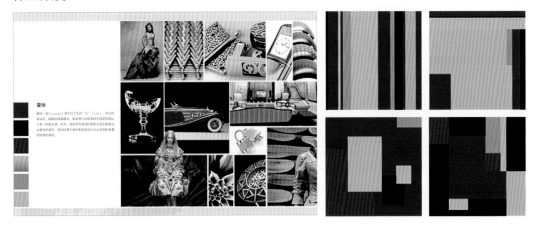

奢华主题的色彩提炼练习   奢华主题的色彩版式构成练习

点评：奢华（luxury）一词源于拉丁文的"光"（lux），所以钻石、精致的玻璃器皿、黄金等闪光明亮的物品很容易让人有一种奢华感。另外，有质感的深色也很容易表达出奢华的感觉，如经典的黑色貂皮大衣、神秘浪漫的玫瑰红绸缎等。

作业案例 3

机械主题的色彩提炼练习   机械主题的色彩版式构成练习

点评：机械，人们首先联想到的是机器齿轮、汽车等机械感十足的物品，这些事物在色彩上多以黑灰色调为主。在收集资料的过程中也会发现很多机械产品都是以黑灰色系为主色调，例如手机、手提电脑、音响等，给人一种低调的华贵感。另外，在首饰、家装中使用银灰色也会充满机械感。

图片是版式设计的重要构成元素，其主要作用是对文字内容做清晰的视觉说明与形象化阐述，同时美化与装饰版面，以提高设计的趣味性。

通过本章学习，再结合课后分项与综合训练，读者能够了解图片类型、面积、数量、位置与方向的基本编排规律，掌握图片编排的方式方法。

第四章

图片编排

4

第一节　图片的类型

　　版式设计所用到的图片种类大致可以分为几何图形、摄影照片、插画三大类。不同种类的图片所表达的情感也是不一样的。例如几何图形是经过艺术加工的图片，是一种抽象语言；摄影照片是纯粹的，会给人带来真实的感觉，具有说服力；插画则更多地融合了艺术家个人的创作理念和思想。合理地运用图片，可以更加准确地传递信息，表达情感。

一、几何图形

　　点、线、面等几何元素是所有构图造型的基础，是构成图形的基本视觉元素。它们之间相互依存、相互作用，组合出各种各样的形态，构建成一个个千变万化的全新版面。

1. 点的版面构成

　　点的感觉是相对的，它由形状、方向、大小、位置等形式构成，并通过聚散的排列与组合，带给人们不同的心理感受。点可以成为画龙点睛之"点"，和其他视觉设计要素相比，形成画面的中心；也可以和其他形态组合，起平衡画面轻重，填补画面空间、点缀和活跃画面气氛的作用；还可以组合起来，成为一种肌理或其他要素，衬托画面主体。合理利用点进行设计能使版面形象更加突出和醒目。

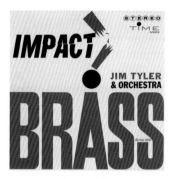

版面中心的点往往会成为视觉的焦点。

等距离排列的圆点形成画面肌理。

圆点的相互叠加增加了版面的节奏感。

2. 线的版面构成

线是点的发展和延伸，介于点和面之间，具有位置、长度、宽度、方向、形状和性格特征，与点和面相比更加活跃和易于变化。每一种线都有它自己独特的个性与情感等特征，例如直线表现静，曲线表现动，折线表现不安分；从生理和心理角度而言，直线具有男性特征，曲线具有女性特征。将各种不同的线运用到版面设计中去，就会获得各种不同的效果。

水平的粗线看上去很有阳刚之气。

垂直的线条有上下延伸的趋势。

画面中弯曲的细线有一种灵动感。

波纹线让画面运动感十足。

在版面编排中，线除了在心理上起作用外，还有一些其他的重要作用，比如线可以构成各种装饰要素，以及各种形态的外轮廓；它们可以界定、分隔画面各种形象，使画面充满动感；线也可以在最大程度上稳定画面，使版面规范、有条理，更便于阅读；线在视觉上占有更大的空间，它们的延伸会带来一种动势；线有引导和指示的作用，可以串联各种视觉要素，经常用于引导读者视线，以引起读者的重视。

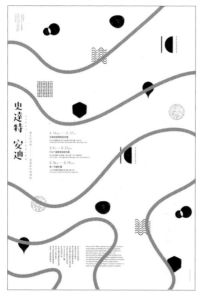

线可以串联视觉元素，增加画面的整体感。

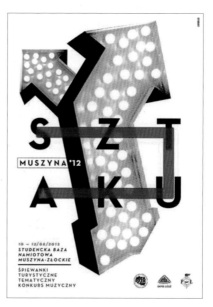

线将字母串联起来，起到引导视觉流程的作用。

交错的线条增加了画面的空间感。

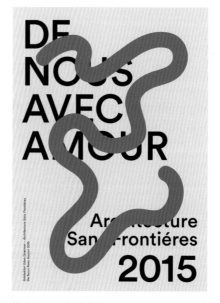

线作为画面中的装饰元素。

3. 面的版面构成

面具有鲜明的个性特征，可以看作是点的放大、集中和重复，或者是线的移动轨迹的集合。面可以分成几何形和自由形两大类。

面包括各种色彩和肌理等要素，同时面的形状和边缘对其性质也有着很大的影响，总的来说面有以下作用：① 面的量感和体积感使其常起到稳定版面的作用；② 在点、线变化较多的版面中，面能起到协调统一的作用；③ 不同明度的面在版面中能起到丰富层次的作用；④ 面有限制和醒目的双重作用，在版面设计中常用此法突出标题或内文；⑤ 面可以通过多种方法表现二维空间的立体形态，从而产生二维空间感。

画面中间的正方形使版面看起来形式感很强。

红色与黑色的面起到了分割版面的作用。

不同明度的面放在一起增加了画面的层次感。

面的量感与体积感能起到稳定版面的作用。

倾斜的面可以表现二维空间中的立体形态。

二、摄影照片

摄影照片可以真实地反映事物的本来面貌，尤其是产品的平面广告，倾向于在画面中放入产品的摄影照片，以体现真实感，增强说服力。摄影照片按照内容划分有很多类别，如人物、动物、静物、自然风景、建筑等等，就摄影画面的吸引力而言，人物摄影和动物摄影最能吸引读者的目光。如果按照色彩划分，可分为彩色照片、单色照片、黑白照片，彩色照片具有现代感，黑白照片具有历史感。

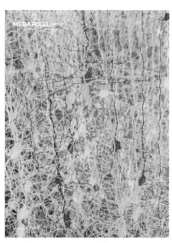

产品广告中常运用产品的摄影照片。

人物摄影照片，能有效吸引读者的目光。

肌理摄影照片，画面具有视觉感染力。

黑白照片具有历史感，能增加文章的说服力。

彩色照片与黑白照片相互间隔排列。

三、插画

　　插画所表现出来的情感特征与摄影照片截然不同，因为插画更多地融入了艺术家们的表现技法和思想，所以更具个性和人性。按照插画绘制方法的不同，我们可以将插画简单地分为手绘插画与电脑绘制插画。手绘插画包括油画、国画、版画、水彩画、漫画等，这些形式的插画易使版面显得轻松愉悦，充满艺术感，有些十分精细的手绘插画常常会用于科普类文章，以增加版面的可看性。电脑绘制插画的风格表现更为丰富多样，可以为版面的视觉效果增加更多的可能性。

杂志内页常可以看见精细的手绘插画。

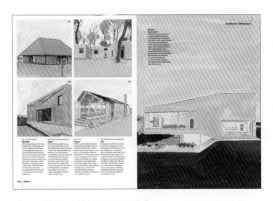

油画风格的手绘插画更显质感。

电脑矢量绘图作为文章的插画，具有现代感。

电脑手绘技术的综合运用。

素描人物插画。

第二节 图片的外形处理

在版面中，图片对人的吸引力往往要强于文字，所以图片的形状会影响甚至决定版面的视觉效果。编排设计中的图片可以以任何形状出现，通常我们会根据不同的需求去选择不同外形的图片作为版面的视觉元素。

一、规则型图片

将图片外形处理成规则的矩形、三角形、圆形等形状，这样的图片可称为规则型图片。矩形图片是编排中最为常见的图片形状，也称为角版图，是规则型图片中最简洁大方的形态。矩形图片看起来庄重、大方，具有静态美感，在正式文本或者宣传页的设计中应用较多，能够完整传达主题；三角形图片看起来稳定，具有力量感；圆形图片则富有亲和力。

在对称式的构图中，矩形图片可以让版面显得庄重、严肃。

矩形图片外观规整，可根据大小随意排列组合，形式多样，版面看上去丰富多变。

三角形图片给人坚强的力量感。

杂志内页中的三角形图片配合左右两边的文字编排给人稳定的和谐感。

圆形图片具有较强的趣味性。

二、退底型图片

退底型的图片就是将图片中精彩的部分按需要剪裁下来,去掉多余的背景部分。这类图片轮廓不规则,形式自由、灵活,能够突出图片的主题。除了沿物像轮廓去除背景外,还可以沿着物像周围做粗略的剪切,以产生粗犷的跃动感。

沿人物外形将背景剔除,版面显得活泼欢快。

在有关食品类的版面设计中,常用退底型图片,可以完整地显示食物的形状,凸显质感。

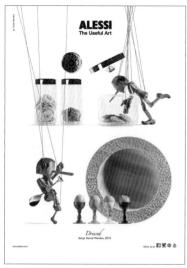

多个退底型图片排列也经常用作产品的展示。

巧妙利用退底型图片的角度与方向,可以增加版面的趣味。

退底型图片很容易成为视觉的焦点。

第三节　图片大小与占比

版面中，图片面积的大小设置，直接影响着版面的视觉效果和情感的传达。一般来讲，面积较大的图片是版面信息的主导元素，面积较小的图片起配合说明的作用，这样可以丰富版面的视觉层次，有效传递信息。

一、小图片显得精密而沉静

小图片的编排容易给人拘谨、静止、趣味弱的感觉，在使用小图片时，通过调整图片的尺寸使其大致统一，避免版面杂乱无章；或将小图片插入字群中，丰富版面内容，使画面显得简洁精致。

二、大图片产生量感和张力

扩大图片的面积可以产生饱满的心理量感，增加版面的扩张力度。同时，大面积图片多是为了反映具有个性特征的物品，以及物品的局部细节，它可以引导版面中心，强调画面信息，引起读者的注意，从而成为视觉焦点。

小图片在版面中多起到文字说明的作用，个别图片穿插在文字中，活跃版面气氛。

Chanel 的平面广告，广告使用整版单幅图片，让人留下深刻印象。

小图片数量较多时，可以采用等距离密集编排的方式，形成多个视觉焦点，增加版面的趣味性。

在期刊的编排中，大图片会形成版面的中心，增强文章的说服力。

三、图片的跳跃率

所谓跳跃率是指画面中最小面积的图片与最大面积的图片之间的比例，比例越大，跳跃率越高，版面容易生动活泼；比例越小，跳跃率越低，版面显得庄重规整、势均力敌。合理运用图片的跳跃率，大小与主次穿插得当，可以让版面形成主次分明的格局。

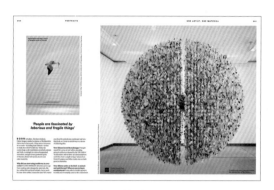

将大图片附近从属的图片缩小，形成大小对比，可以增强视觉表现力。

网页中图片较多的情况下，大图与小图相结合，让画面看起来有节奏感和层次感。

尺寸相同的图片并列排列，让人有可靠可信赖的感觉。

四、图片占比与图版率

　　图片占比率是指整个版面中，文字与图片所占据面积的比例，一般用百分比表示。如果版面全是文字，图版率为0；相反，如果版面全是图形，则图版率为100%。

● 图版率低，降低阅读兴趣；
● 图版率高，增强阅读活力。

版面中的图版率为25%，该内页中，图片的下右两边都需要做出血的处理。

版面中的图版率小于50%，图片作为文字的辅助说明。

版面中的图版率为50%，视觉处于平衡状态。

版面中的图版率为75%，文字作为图片的说明部分。

版面中的图版率为100%，全图的版面具有最强的视觉冲击力。

五、图片的出血处理

图片出血展示是版式设计中常用的一种方式，一般会沿版面四周将图片多放出3毫米，以防止由于图片偏小而出现后期裁切问题，以致露出页底白色的情况，影响版面的整体效果。

局部小范围出血型图片。

1/4 版中间出血型图片，属跨页型出血图片，从一页延伸至另一页，将两页有机联系在一起形成统一的整体。

1/2 版出血型图片。

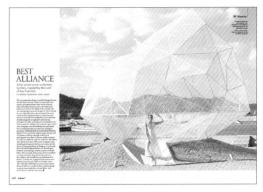

纵向 3/4 版出血型图片。

横向 3/4 版出血型图片，既拓展人的视线，又将左右页联系在一起，使画面呈现舒展大气的感觉。

满版出血型图片，没有出框限制，图片呈现向外扩张和舒展的趋势。

第四节　图片的编排技巧

一、图片并列放置

　　图片并列放置，属于规则式编排，图片与图片之间应尽量使用对齐的方式。将所有图片的外轮廓统一在一个几何形中，图片的大小方向都会受到一定的限制；图片与文字相对独立，这种编排方式构成的版面整体大方、有条理性。

杂志内页中，面积等大的图片在版面中按照规则排列。

杂志内页中，面积大小不等的图片，以规则化并列的方式排列。

报纸的版面中，图片经常很规则地排列，使版面有整齐和正式的效果。

网页中，经常用到图片并置排列。

二、图片的叠加

图片的叠加方式多种多样，例如将图片与图片根据画面的需要进行边缘或者局部的重叠；或者用一张图片遮挡另一张图片，由叠加所呈现出的图片形态会产生新的寓意和主题。图片的相互叠加既不失原有图片的审美性，又能够体现自由多变的灵活性，使画面活跃且具有时代气息。

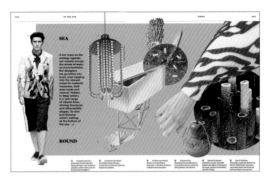

杂志内页中，可以常见到这种退底型图片之间的相互叠加，丰富了版面的构成。

双重曝光的图片与图片叠加，使版面层次丰富、细腻。

图片的遮挡，遮挡形式的"画中画"容易成为版面中的视觉焦点。

多张图片的局部叠加，可以营造版面既活跃又不失高雅的时代气息。

图片的局部叠加可以丰富版面的视觉效果。

三、放大图片的局部

在编排设计中，有时候为了更好地说明某些事物的细节，常常会选取图片的局部，对其余部分进行裁切，也可通过放大产品的局部来体现其精致的细节制作和高品质的材料，这种处理方式不但能增加信息的可信度，还可以突出版面的视觉效果。

四、改变图片的方向

图片具有视觉上的方向感，方向感越强则图片的动势就强，产生的视觉效果也越强。图片的视觉方向可以通过画面中人物的姿势、视线或物体的动势等来获得，如将图片以反常态的方向摆放，会形成意想不到的版面效果。

选取图片的局部，来突出文章的主要内容和物体的特点。

上下颠倒的图片编排会让版面具有出人意料的戏剧感，让人印象深刻。

人物肖像的局部放大，具有很强的冲击力。

反常态方向的图片与放大的文字可以增加画面的视觉效果。

五、改变图片的色调

改变图片的色调，能够降低画面中原
有色彩的强烈对比，使画面更为和谐、统
一。在同一色相的基础上，通过图片中色
彩的明度和纯度变化，可以在表现空间与
层次关系的同时，调和画面的配色，使版
面色调协调，彰显出独特的设计风格。

降低图片的明度，文字采
用高明度的色彩，可以突
出画面中的文字信息。

统一图片的色调与背景色，画面的对比关系较弱，让人产生舒适感和信赖感。

六、图片的裁切与拼贴

将多幅图片先裁切再进行叠加、拼贴，是一种解构式的编排方法，特点是图片与图片之间没有固定的排列模式，图片的数量、大小、形状以及编排方向等可以根据版面随意进行调整，版面形式灵活多变，充满趣味，往往会形成意想不到的视觉效果，给人带来与众不同的视觉体验。

裁切成规则型图片并列放置，可以让画面形式千变万化。

裁切成几何形状的图片，相互叠加，丰富视觉层次。

不规则形状的图片裁切、叠加与拼贴，使画面充满个性特征。

七、图文组合方式

现代平面设计中的版面可以分为两种：一种是纯粹的文字组合，一种是图片与文字的组合。图片与文字的组合形式多样，例如文字在图片上方、文字围绕图片、图文穿插排列等。图片不但可以配合文字更好地反映主题，同时给人一定的视觉美感，使作品具有阅读性的同时，兼具艺术性和观赏性。

以上介绍的是几种常见的图片编排方式。在实际编排设计中，如使用单一的编排方式，容易使版面显得呆板而无序，因此，应综合运用多种图片编排方式。

在设计中把握好色彩、文字、图片这三个版面编排中的基本构成要素，融会贯通地运用所学编排设计的基本技法，可以使得版面既富有形式美感，又兼具文化意韵。

文字围绕退底型图片排列或者沿着图片方向排列是常用的编排设计方法。

用大面积的底色或具有统一效果的图片作为文字的背景，可以烘托主题形象，增加画面的层次感。

图片与文字并置，能有效突出信息。

文字与图片的穿插排列，空间感与趣味性十足。

课题训练　图片的编排练习

作业一：出血型图片的编排训练

1. 练习内容

自选图片与文字，练习出血型图片的编排并打印。

2. 练习要求

自选单幅或多幅图片，结合具有主题意义的少许文字，采用出血型图片类型，综合运用并置、重叠、分割、对比、图文叠加等多种方式，完成一组图片编排练习，并彩色打印。体会不同的编排方式带来的不同视觉感受。

（提示：在单幅图片的编排练习中，尝试将图片摆放在版面的不同位置，如满版出血、3/4 版出血、半版出血等，不同画面给人带来的张力感也截然不同。在多幅图片的编排练习中，尽量尝试运用多种图片的排列方式，如图片的并置、重叠、分割等，不同排列方式也会呈现出不同的视觉效果。）

作业案例

单幅图片出血练习。

两幅图片出血练习。分别运用分割、并置和遮挡叠加的方法进行编排。

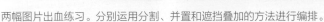

多幅图片出血练习。运用并置的技巧，通过图片跳跃率的不同，形成不同的版面效果。

作业二：多种图片类型的综合编排训练

1.练习内容

根据自选文章的内容，选择图片，练习多页连续页面的图片编排。

2.练习要求

（1）自选一篇文章，搜集能够反映文章内容的图片；

（2）结合多种图片的类型（如规则型图片、出血型图片、退底型图片等），通过改变图片的尺寸、形状、色彩、顺序等，完成连续多页的图片编排练习。

（3）以图为主，以文为辅，注意图片所传递的信息与情感表达。

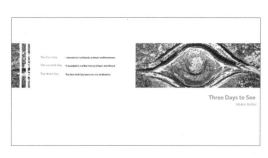

作业案例

点评：该练习对《假如给我三天光明》一文进行了图文编排。在该作业中，根据文字内容，运用了包括方形图片、退底型图片、出血型图片、背景型图片、跨页型图片、局部型图片在内的多种图片类型，通过改变页面中图片的尺寸、形状、色彩以及顺序，使得版面与版面之间具有良好的节奏感。

作业三：主题性图片表现形式、使用类型与组合方式的综合编排训练

1. 练习内容

自选主题，选择合适的图文内容，编排一份小册页，并彩色打印、装订。

2. 练习要求

（1）使用多种图片类型（照片、手绘图片、电脑绘图等），运用多种图片外形（规则型图片、退底型图片等），结合并置、重叠、分割、对比、图文叠加等多种编排技巧，通过改变图片大小、占比、数量、位置与方向等方式完成编排练习；

（2）以手册形式展现，包含封面、封底、扉页、目录页等；

（3）注意图片传递的信息与表达的情感，注意版面中图文之间的协调关系。

作业案例：《民国》主题手册编排

作业说明：这个作业表达的是对民国南京的怀念，无论是复古端庄的旗袍服饰，精致的散发出温暖光线的琉璃灯，门前车水马龙的大戏院，还是描绘着各式美女的月份牌和电影画报，都是民国时期的特色。手册内容主要围绕着现如今还保留着的一些民国时期的生活痕迹缓缓呈现，比如照相艺术、电影院、邮局、服饰和茶馆。

封面设计效果图

正文设计效果图

扉页设计

目录设计

内文设计

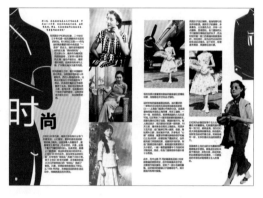

内文设计

点评：该作业在设计的过程中借鉴了许多民国时期的广告宣传册，目录页图文为倾斜式排版，页码数字的字体参考了民国钟表里的数字样式，版面整体表现形式多样且颇具年代感。

编排中采用了多种图片类型，包括矩形图片、退底型图片、出血型图片、跨页图片等，内页中的图片以老式摄影的黑白照片为主，能够很好地反映当时的社会环境，使人有种身临其境的感觉。同时，将人物摄影、民国手绘插画与电脑几何图案相结合，画面显得更加丰富和生动。总的来说，在编排中结合并置、重叠、分割等多种图片组合方法，通过改变图片大小、占比以及方向，在页面之间形成了良好的互动和节奏感。

作业中的文字编排也比较灵活，形式感较强。手册主色设定为暗红色，有复古、怀旧之感，照片中的黑白灰与图形复古的暗红色形成很好的互补，让整个版面充满追忆感，有效地实现了图片的信息传递与情感表达的功能。如果在字体、字号、行距等细节上有更进一步的调整，应该能使画面编排达到形式与功能的统一。

网格体系作为常用的版式设计方法，可以明确版面结构，整合视觉元素，有助于实现版面和谐统一的视觉效果。本章的重点与难点是网格体系的构成形式及其综合应用。

通过本章学习与课后网格编排练习，读者能够综合应用网格体系，从而把无序混乱的信息通过网格体系变成有序的、清晰的、易于理解的信息，最终完成多页面的版式设计。

第五章
网格体系

第一节　网格体系的概述

一、网格体系的作用

网格体系又叫网格构成或者栅格系统，其特点是运用数字的比例关系，通过严格的计算，对版心空间做出划分，因此网格体系的基本形式由版面上垂直和水平划分而成的区域和各个区域间的间隔所构成。网格体系是对于平面的系统化分割，给予设计元素特定的构成，并在高度逻辑性的前提下追求简单、理性的一种版面构成形式，它经历了数百年的摸索发展，现已成为现代平面设计中的基础性手段。

网格体系是版面编排设计中基本的要素和方法。构建良好的网格骨架，可以帮助我们在设计的时候明确版面结构，建立起各视觉元素之间的关联性和持续性，从而把无序的混乱的信息通过网格体系设计得有序、清晰、易于理解，有助于读者更好地专注于内容而非版面的形式。

网格体系的目的和意义在于：

● 通过体系化提高设计工作的效率。

● 以富于逻辑性和分析性的思考方式客观地解决各种不同的设计问题。

● 赋予作品统一与和谐的形式，包括素材尺度的规格化和结构关系的条理化。

● 提高版面的易读性，突出主题并形成合理的视觉引导，加强信息传递的效果，提高人们对信息的记忆。

二、网格体系的版面比例

1. 黄金分割比

人类自古希腊开始就逐渐形成比例的观念和审美标准，公元前 6 世纪古希腊数学家毕达哥拉斯（Pythagoras）最早发现了 1：1.618 这一定律，后来古希腊哲学家柏拉图（Plato）将此定律称为黄金分割，又称"神赐的比例"。自然界许多优美的事物，如植物的叶片、花朵、雪花，还有许多动物，如某些昆虫的结构中都存在黄金分割比。

瑞士设计师约瑟夫·米勒－布罗克曼设计的海报，具有典型的网格体系特征。

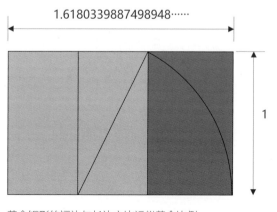

黄金矩形的短边与长边之比近似黄金比例。

长宽之比为黄金分割比的矩形称为黄金矩形，矩形的长边约为短边的 1.618 倍。黄金分割比和黄金矩形能够给画面带来美感，令人愉悦，在很多艺术品中都能找到它的运用。

黄金分割能实现最大程度的和谐，使被分割的不同部分产生联系。一直以来，黄金分割律被视为最美观、最精确、最合理的形式，对于人们来说是最安定和美丽的比例。

2. 斐波那契数列

斐波那契数列，又称黄金分割数列，是以意大利数学家列昂纳多·斐波那契的名字来命名的。斐波那契数列是一种整数数列，由 0 和 1 开始，每一个数字都是前两个数字之和，比如 2，3，5，8，13，21，34，55，89……它之所以重要，是因为该数列在 2 以后的每两个相邻数字之比与 0.618 的黄金比无限接近，这一规律可以指导我们在一个不规则的页面中分栏并进行信息的编排，这种理性的规律带来的是舒适的视觉感知。

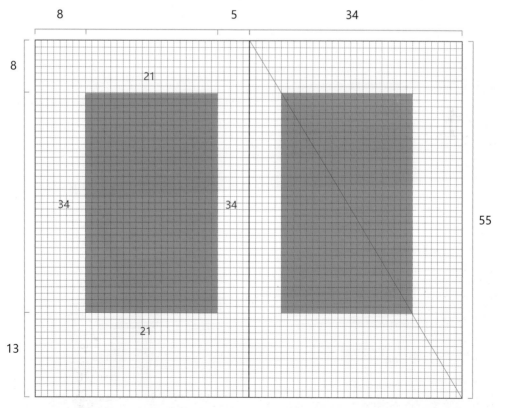

将斐波那契数列应用于页面的版面比例。图示由 34×55 个单元格组成，内边缘留白 5 个单元格，外边缘留白 8 个单元格，底部边缘留白 13 个单元格，上部边缘留白 8 个单元格，得到蓝色矩形大小恰好为 21×34 个单元格。用这种方式来确定版心和图文的比例关系，可以获得和谐连贯的视觉效果。

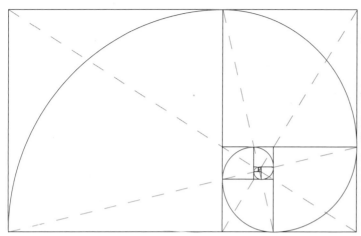

根据斐波那契数列画出来的螺旋曲线。

《蒙娜丽莎》画面中鼻子到下巴再到手的距离，隐藏着斐波那契螺旋线。

3.斐波那契螺旋线

以斐波那契数列为边的正方形拼成的长方形，然后在正方形里面画一个90°的扇形，顺次连起来的弧线就是斐波那契螺旋线，也称黄金螺旋线。自然界中存在许多斐波那契螺旋线，例如向日葵的种子数、鹦鹉螺的对数螺旋等，它是自然界最完美的经典黄金比例。而绘画的构图、建筑的框架等人造物则反映了人们希望通过秩序来整合杂乱信息的心愿。斐波那契螺旋线理论对后来的现代主义设计思想产生了深远影响。

4.柯布西耶模数体系

勒·柯布西耶（Le Corbusier）是20世纪著名的建筑设计师，他依据数学逻辑与人体比例的关系发展出一套测量体系，以身高183厘米的人作为标准，选定下垂手臂、脐、头顶、上伸手臂四个部位为测量点，得到的数值为举手高226厘米，身高183厘米，脐高113厘米和垂手高86厘米。这四个数值之间存在着黄金比例关系，将这一系列数字利用黄金分割比和斐波那契数列结合在一起，可以将版面划分成48个不同的形式。这一理论被写在他的《模度》一书中，成为版式设计网格体系初期重要的原理之一。

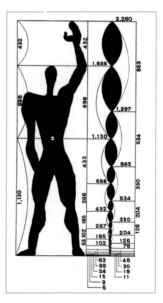

柯布西耶数模图

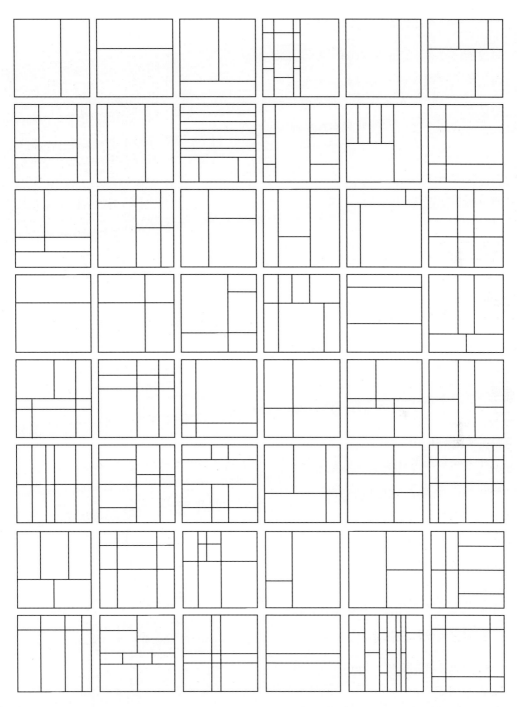

在边长为 2.26 米的正方形中，由于所有的块面全都出自"模度"体系，块面与块面之间实现了严密的拼接。

5.范德格拉夫原理

范德格拉夫（Van de Graaf）根据古腾堡和其他人所制作的书籍内页，提出将书页划分为九分之一和九分之二的空白，使得文字区和整个页面的长宽具有相同的比例，这一原理被称为"范德格拉夫原理"，用于许多中世纪的手抄本中。范德格拉夫原理适用于任何比例的纸张，使用这一原理可以构造出具有纸张大小 1/9 和 2/9 的美观实用的空白边界，设计的结果是内部边界是外部的一半，并且当纸张比例为 2：3 时边界具有比例为 2：3：4：6（内：上：外：下）的完美视觉效果。

现代主义版式设计大师扬·奇肖尔德在范德格拉夫原理的基础上细化了版面的网格。基于 2：3 的纸张尺寸比例，运用这一原理，文字区域和纸张将具有相同的比例，并且文字区域的高度等于纸张的宽度，页面看上去简洁明了，文字段落安排与空间的关系也十分和谐。这一原理被扬·奇肖尔德写在《书籍的形式》一书中，并被广泛推广，沿用至今。

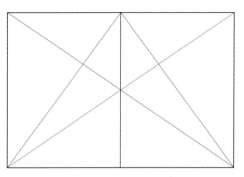

第一步：建立一个对称式网格，选用一张 2：3 的纸张，页面的对角红线相连，形成四条对角线和一个等腰三角形。

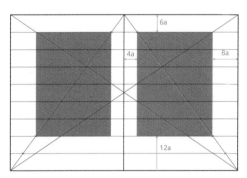

第二步：创建水平网格，把页面分成九个同等间距的水平网格，同时可以看到内、外页边距和上、下页边距的比例分别为 2：4：3：6（一般外页边距是内页边距的 2 倍）。

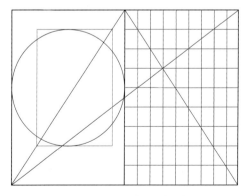

扬·奇肖尔德所提倡的九分版心划分法。

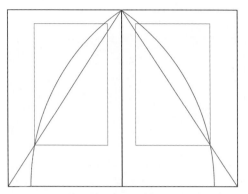

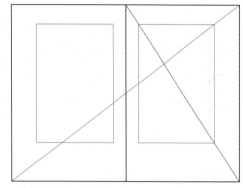

根据扬·奇肖尔德的手稿完成的版面分割，页面的比例为2：3，文本区域与页面比接近黄金分割比例。

通过辅助线，得到的红色长方形的构图，可以让整个页面达到和谐的效果，即人们在阅读红色长方形里的内容时觉得舒服自然。

第二节　网格体系的构成元素

一、网格中的栏

版面中垂直方向划分的栏为竖栏，其主要功能是放置文字与图片。竖栏是网格体系的基础和主体。通常我们会根据开本的尺寸、内容、字体样式以及插图的大小来确定竖栏的数量。竖栏可以是单栏，也可以是双栏或者多栏。总之，竖栏决定了编排中纵横方向的关系以及文字的阅读效果和版面的美观度。

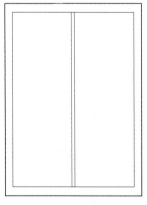

双栏

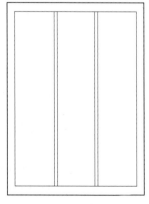

三栏

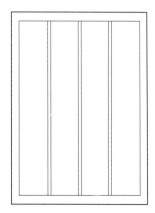

四栏

二、网格中的格

　　版面中水平方向划分的栏为横栏，横栏的数量可以有一个或者多个，每个横栏之间的间距和竖栏之间有一定的关联。版面中一系列横向和纵向线条分割形成的空间组成了网格体系。

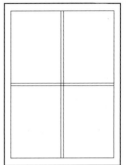
两栏四格

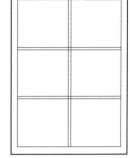
两栏六格

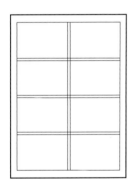
两栏八格

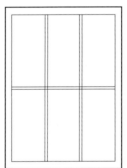
三栏六格

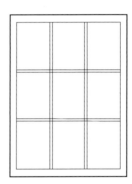
三栏九格

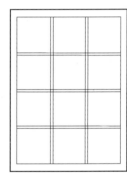
三栏十二格

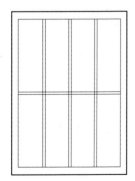
四栏八格

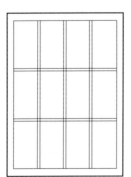
四栏十二格

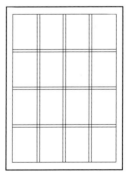
四栏十六格

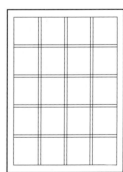
四栏二十格

三、网格中的基线

网格基线由水平的直线组成，可以帮助编排文字信息，也可以帮助编排图片。网格基线在印刷的时候不可见，但它却是版面编排的基础。如同建筑中模块折叠法则一样，基线提供了一种支持，并且指引我们如何在纸面上非常准确地放置各种视觉元素，否则这些光凭肉眼和感觉很难做到。

基线网格

四、网格中的文字与图片

在版式设计中一般会根据文字和字号的大小选择合适的栏数，例如双栏、三栏，或者更多的栏数，再按照一定的视觉原则在预先确定好栏数的网格中合理地分配文字、图片和标题等元素。在网格数较多的页面中，图片与文字的放置可以采用跨栏的形式。

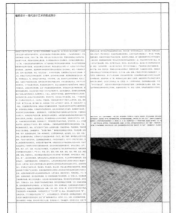

双栏、三栏、五栏网格中，文字与图片按照网格有序地分布与组织。

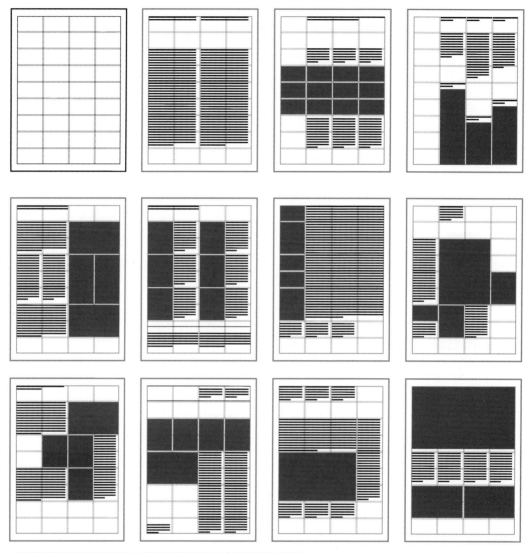

上面的案例展示了文字与在 4 栏 36 格的网格中多种编排组合的形式。

　　同一网格划分中的文字与图片可以有多种编排方式，例如把版面划分为 4 栏，每栏 9 个格子，就为文字和图片的排列组合创造了众多的可能性，表现方法丰富多样。总之，网格是用来指导文字和图片的编排，而不是限制其编排的可能性。

第三节　网格体系的构成形式

一、对称式网格

对称式网格，即左右两个版面或者一个对页中网格结构相同，页面留白尺寸相等，拥有相同的页边距。对称式网格主要分为以下几种形式：单栏对称网格、双栏对称网格、多栏对称网格。

1. 单栏对称网格

单栏对称网格是指在版面中只有一个通栏，将文字在通栏中进行简单的排列、换行和换段。从以下单栏网格的示意图中可以看出通栏的大小决定了页面边界的大小以及文字区域的面积，并为版面形式增加了多种可能性，但在追求变化的同时，也要遵循网格的原则。

如果页面内容读起来简单易懂，或者开本较小，用单栏对称网格编排为最佳选择。单栏式的文字编排多用于小说、文学著作等纯文字版面，可以适当在页面中配以图片，以减少版面的枯燥感。

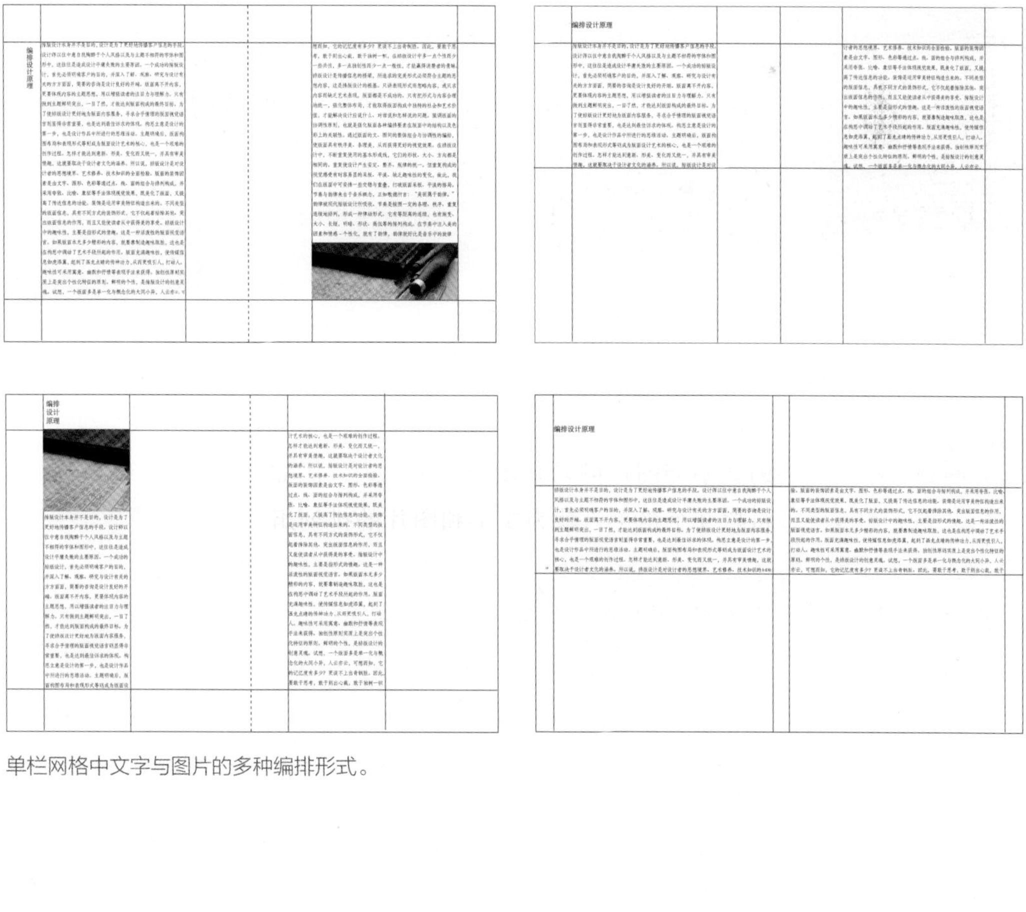

单栏网格中文字与图片的多种编排形式。

单栏网格中文字与图片的多种编排形式。

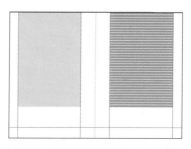

《我的衣橱故事》内页版式，在尺寸较小的出版物中，版面经常采用单栏对称网格的编排方式。

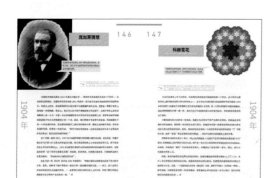

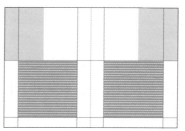

《数学之书》内页版式，单栏对称网格多用在文字内容较多的出版物中，可以在页面中添加图片使画面显得丰富和活泼一些。

2. 双栏对称网格

双栏对称网格是一种较为常见的网格形式，从早期的手抄本开始，文字的编排就多以双栏的形式出现。双栏对称网格可以让版面具有较强的稳定性，显得严谨庄重；同时避免了单栏网格所带来的枯燥感，增加了阅读的流畅性，适合于文学类图书或者杂志内页。

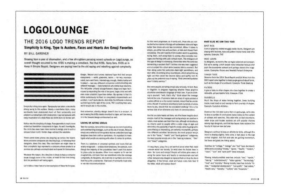

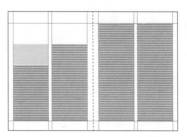

双栏对称网格容易造成版面的单一和缺乏变化，可利用标题与正文的字号对比、添加图片等方式来打破对称网格的均衡感，以增强页面的版式变化。

3. 多栏对称网格

网格中栏数的多少取决于载体的形式和开本的大小，网格中栏数越多，栏宽越窄，文字与图片的组合也会显得更加多样化。超过四栏的网格应用多出现在版面较大的报纸或书刊杂志最后的名录搜索中，因为字行过于短小，只适合超短句和单个字词的排列，例如术语表、联系方式、目录、索引和其他数据目录等。如果用于正文编排，可以根据实际内容将文字进行跨栏排列。

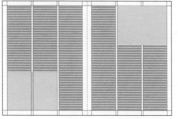

《Time》杂志内页版式，采用三栏对称网格，整个版面形式简单，透出较为严肃的气氛。

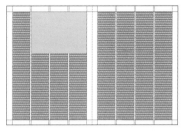

《纽约客》内页版式，四栏对称网格，版面中适当添加了彩色图片和文字段落标题，增添了阅读的趣味性。

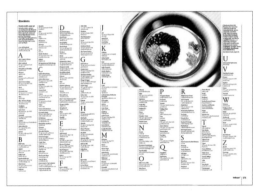

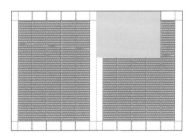

《Wallpaper》杂志的名录搜索页，采用的是五栏对称网格。

二、非对称式网格

非对称式网格较对称式网格而言，在版面形式上更加灵活。可以在对称网格栏的中间插入更多的栏，形成宽栏与窄栏相结合的视觉效果，较窄的一栏通常放置注释文字或说明文字。在编排设计的过程中，只是一味地重复使用单一的网格体系，版面会显得无趣和呆板，可以根据文章内容的需要，适当调整网格的疏密关系与大小比例，从而打破网格体系内在的约束性，增强视觉效果。

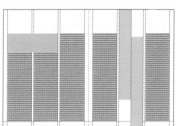

《时代周刊》内页版式。与对称式网格相比，非对称式三栏网格在右边版面的中间插入了更多的栏，栏的大小不一，丰富了版式编排的形式。

三、单元格网格

单元格网格将版面分成同等大小的块面，这种网格的设计具有很大的灵活性，可以很轻松地找到放置图片和文字的位置，编排设计方式灵活多样。在几何形态中，正方形是最基本最纯粹的形态之一，正方形的单元格在网格设计中也是最常见的网格形式。将版面划分为中间有间隔的多个正方形，通过单元格的大小以及数量来决定版面中图片的大小，一般单元格越小，编排的形式越多样，对图片与比例的限制也越严格。

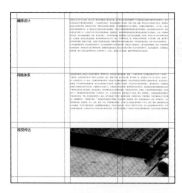

不同数量的正方形单元格中，文字与图片的多种组合形式。

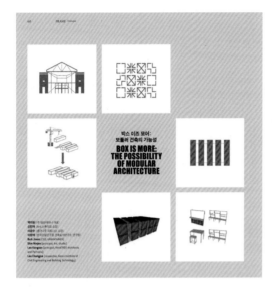

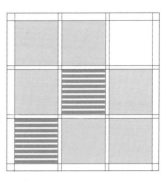

《Space》杂志内页版式，单元格网格中文字的排列特点是可以将信息划分成很多组，使版面看上去有条理，适合归纳比较琐碎的内容。

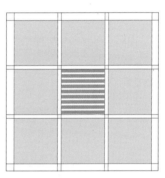

《Space》杂志内页版式，一整张图片被单元格分割为多个小块面，增加了画面视觉效果的趣味性。

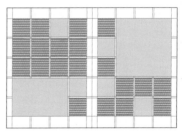

《Wallpaper》杂志内页版式，图片较多的内容往往会考虑使用单元格网格的形式，文字与图片排列起来非常灵活，同时也会使版面空间产生比较强的秩序感，看起来舒适又活泼。

四、网格的综合运用

在编排设计的过程中，并非只能使用一种网格，可以根据内容的需要，将两种或多种网格相互叠加，以突出内容的不同，丰富版面的视觉效果。复杂的网格体系多用于报纸杂志这种信息较复杂，对阅读趣味性要求较高的版面，可以使版面看起来有趣且不枯燥。但是，网格并不是越多越复杂越好，在进行网格分割和叠加的时候需要注意版面的主次关系，理清设计思路，突出重点的同时提高版面的可读性，才可以最有效地传递信息。

网格体系是版式编排中一种常用的重要的设计方法，利用网格体系作为设计辅助手段，可以帮助我们创造有序且又富有变化的多样的版面形式。

瑞士设计师约瑟夫·米勒－布罗克曼认为："有选择性地去掉网格中烦琐的视觉元素和附加信息，可以产生紧凑、易懂、明确的视觉感受，也可以体现出这是一个规划、整洁、有序的设计。整洁有序的版面设计可以提升版面所传达的信息的可信度。"因此，只有利用网格复杂多样的形式，更加精确地整合版面中各个视觉元素，才可以保持版面空间比例的和谐与画面的一致，才能使版面达到最佳的清晰度，实现其可读性、功能性与感知性。

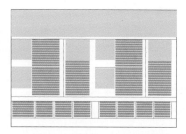

《Computer Arts》杂志内页版式，可以看到网格的综合应用，版面上方与版面下方不同的网格形式很好地区分了不同的信息。

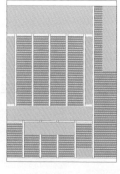

报纸一般开本较大且内容多、杂，因此在单个版面中常用多种不同的网格形式来划分文章内容。

课题训练 网格体系的版式练习

1. 练习内容

根据自选图文资料，进行多页对称式网格体系的编排设计。

2. 练习要求

（1）自行收集文字与图片资料，编辑内容；

作业案例：《藏族服饰》

（2）单栏对称网格、双栏对称网格、多栏对称网格任选其一；

（3）版面大小自定，注意版面与图片、文字之间的协调关系。

作业说明：版面采用三栏对称式网格体系，文字与图片都在网格基本框架内编排，部分图片采用跨栏编排的形式，基本做到了文字内容与图片相互协调、统一，画面疏密有致，具有较好的节奏感和视觉效果。

内页 1

内页 2

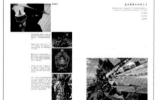

内页 3

内页 4

内页 5

内页 6

作业二：非对称式网格体系的版式练习

1. 练习内容

根据自选主题，搜集图文资料，完成多页非对称式网格体系的编排。

2. 练习要求

（1）自定义主题，对所收集的文字与图片资料进行合理筛选；

（2）合理运用非对称式网格体系的设计技巧与方法；

（3）注意在平衡版面各个视觉元素之间协调关系的同时，适当地增加版面的节奏感。

作业说明：图片多为色彩艳丽的角版图，充分利用了丰富多变的网格框架，在视觉上形成很好的节奏感。版面中用红色块面作为点缀，同时串联起了所有的页码、标题以及附加内容。

作业案例：《东巴文化》

内页1

内页2

内页3

内页4

内页5

内页6

作业三：单元格网格的版式练习

1.练习内容

运用单元格风格设计方法对自选内容进行编排设计。

2.练习要求

（1）自定义主题，对所收集的文字与图片资料进行整理；

（2）结合所学单元格网格的版式设计技巧与方法，进行图文整体版式设计；

（3）可尝试以小组的形式进行作业，

作业以 PDF 格式保存。

（提示：通过练习，我们发现单元格的数量在某种程度上会限制图片的大小以及文字摆放的位置。在单元格的限制下，各小组成员设计的版面仍实现了形式的统一，同时画面秩序感也比较强烈。）

作业说明：作业中统一使用引号图形体现文章的引用，用不同的颜色强调文字的重点部分等，最终完成了单元格网格系列的编排练习。

作业案例：《人与自然》

 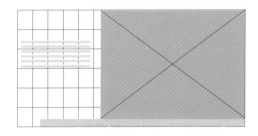

 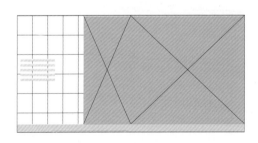

 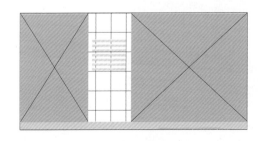

从版式设计的发展历史来看，自由编排出现的时间最晚。自由编排是对版面元素进行自由排列组合的一种常用版式设计方式。

本章学习的重点与难点是自由编排的常用设计技巧，是学生需要掌握的平面设计基本专业知识。

通过本章学习及课后练习，学生基本能掌握自由编排的版式特征以及构图方式，能够结合情感表达、运用自由编排的设计技法，做到听觉语言与视觉语言之间的互换。

第六章
自由版式设计

6

第一节　自由版式的特征

自由版式，从字面理解就是无任何限制的版式，它是对元素进行自由排列组合的编排方式。自由版式萌芽于20世纪初期的达达主义和未来主义，当时，这些流派所有版面的视觉语言都是采用自由编排的方式进行的，每个元素的编排都脱离了网格体系的理性和限定，并且被赋予了新的特殊的含义，画面整体呈现出一种自由且充满张力的感觉。未来主义代表人物马里内蒂首次提出"自由印刷版面"的概念，被认为是20世纪90年代自由版式的起源。随着计算机技术的兴起与发展，自由版式形式受到越来越多设计师的关注和青睐，它以其独特的表现手法和形式特征，成为现代编排技术发展的必然结果。

自由编排虽然没有具体的版面限制条件，但是总体呈现出一些属于自己的独特的设计特征，例如各个元素无秩序地、杂乱无章地排列所形成的画面解构性；版心的相对自由及不确定性；字体使用的多样性和字图结合一体性；为了视觉效果，而非功能性需要，通过设计致使信息不可读；等等。

一、解构

解构的特点在于打破原有的结构格局，将版面中的元素打散再重新组合，是对原有排版秩序结构的肢解和对版面中元素的解散和破坏，运用错位、叠合、重组等方式，形成新的版面视觉形象。

将元素分割打散，再重新排列组合，赋予版面独特的视觉效果。

20世纪90年代美国先锋设计师大卫·卡森，以其独特的个人风格成为自由版式编排的代表人物之一。在他的作品里，文字被分解和相互穿插叠加，图片被重新解构，所有元素的形式都可以是破碎的、颠倒的。

把版面中的一部分元素裁切掉或者遮挡住，缺失的部分会让人们产生联想。

二、字图结合

自由版式中，文字与图相结合，文字常常成为图的一部分，版面中的每一个文字，每一个符号、元素排列组成的外形，乃至是负形，都是版面中的元素。在字图一体的编排过程中，除了运用编排中常用的形式法则外，还经常在字图结合的地方采用图形的虚实手法，将字与图任意叠加与重合，增加画面的层次，并且将文字排列的位置和图形中物体视觉运动的方向相关联，使之成为相互关联的元素，以此来达到字图融为一体的目的。

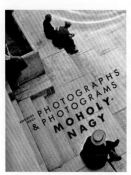

根据图片的视觉方向，将文字倾斜排列，形成字与图之间的相互关联性。

通过改变字体的外形、图片的方向，或者改变二者的前后关系，将文字与图片融为一体。

图片与文字相互穿插、重合，彼此关联，丰富画面的层次。

三、版心不固定

自由版式打破了传统页面中天头、地脚和边界的含义，也不同于网格设计中栏对于版面分割的影响和作用，自由版式的版面没有固定版心，而是在排版过程中依照文字和图片的内容需要进行编排。文字和图片都不再受到字号、字距、行距、大小、位置的限制，文字与图片甚至相互叠加或者突破限定区域，因此，自由编排设计作品往往具有强烈的个性和独特性，版面更加活泼生动，使读者在阅读的过程中不断地产生丰富的联想。当然，虽自由，但自由版式设计并没有背离线条、形态、色调、色彩、肌理和空间等元素统一和谐的原则。

无固定版心的编排所形成的图文空间相互映衬，产生韵律。

文字与图片相互叠加，冲出版面，画面传递出不稳定的独特感。

四、局部不可读

版式设计的最终目的是功能与形式之间的和谐，在自由版式中，文字不仅是承载信息的元素，也可以作为具有意象或表现功能的设计元素，成为画面中装饰的部分。有时候为了版面的需求，部分文字会出现可读性差，甚至不可读的现象，这种信息处理方式会给人独特的视觉感受。

张扬的图形遮挡在文字上方，特意扰乱信息的阅读。

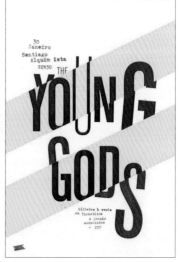

倾斜的条纹将部分信息遮盖，减弱了版面的可读性，但增加了趣味性。

第二节　自由版式的构图要点

一、版面构图的视觉中心

一个矩形平面有四条边、四个角，人的视线顺其周边运动，会在角上停留片刻，然后继续沿着周边运动，并自然感受中心点，这就形成了一个潜在的版面结构图。

当然，并不是说我们在排版的时候一定要将重要信息都放在版面中心偏上的位置，相反，有时候将重要的信息放在偏离习惯的版面位置，往往会取得令人印象深刻的效果。

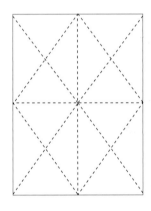

人的视线会沿着潜在的虚线移动，并形成视觉中心。

在版面中，观众感觉到的中心比实际的几何中心要略高一点，我们称感觉到的中心为视觉中心。这就是为什么在设计版面的时候，主要的文字和图形通常都会放在中间偏上的位置。

将重要信息放在视觉中心这个位置，观众会很容易找到重点。

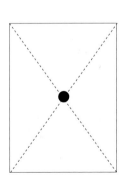

版面的几何中心

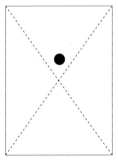

实际感受到的视觉中心

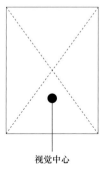

视觉中心

有时候反其道而行，将重要信息放在画面下方的位置，反而会令人印象深刻。

二、版面构图的视觉力场

在版式设计中，元素摆放的位置会受到力场和重力的影响，其构图会让读者产生不同的视觉和心理感受。如果把我们设计的平面看作是一个充满空气的、流动的、富于生命的空间，那么每一个空间中都存在一个力场。同一个版面空间中，不同位置的物体，在版面重心、稳定、均衡、轻重等方面也会给人不同的心理感受。

在同一个空间里，各元素的尺寸大小彼此相关，而两个同样的元素若是被放在不同大小的空间中，给人的感觉也不一样。

左边的"字"与右边的"字"一样大小，因为元素与版面之间的对比关系，在视觉上会给人造成左边的"字"比右边的"字"大的错觉。

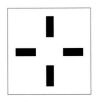

正方形在视觉上显得很稳定，向四周扩散的张力显得均衡。

水平方向的矩形平面，由于两边的距离不相同，在视觉上左右方向的张力要弱于上下方向的张力。

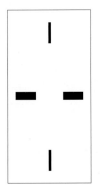

在垂直方向的矩形平面，上下方向的张力要强于左右方向的张力。

1. 版面力场向下

受重力习惯的影响，如果元素排列在画面的下方，让人联想到坠落的物体，会造成版面的力场向下，就好像一个铅球在下落。这样的版面编排会让信息的传递显得沉稳和可靠。

在这张海报中，整个版面的重心是偏下的，版面上半部分留白，这样的编排反而加强了信息的传递。

黑色的文字排列在整个画面的底部，版面顶部的图形则用的浅黄色，色彩的对比很自然地将视线吸引到了版面下方的文字部分。

2. 版面力场向上

元素在画面上方，会让人联想到飘浮在空中的氢气球，给人造成版面的力场向上的感觉。这样的编排方式可以增加版面活跃的气氛。

版面下方大面积的留白让版面力场处在版面的顶部。左下角的不起眼的蓝色小色块很好地与画面上方的文字形成了一种牵引的关系。

3. 版面力场向左

元素在画面的左边，版面的力场也在左侧，受书写方向与阅读习惯的影响，这样的版面在一定程度上会给人舒畅之感。

文字齐左排列而造成的版面力场偏左，由左向右阅读的顺序使版面看上去比较和谐。

4. 版面力场向右

元素放在画面的右侧，会使得版面的力场和重心偏向右边，由于人们从左往右阅读的视觉移动路线，导致画面往往会有一种冲出画面外的力量。这样的编排方式具有很强烈的动态感。

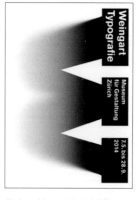

英文沿着画面的右侧排列，左侧的留白让整个版面有一种向右的力量，仿佛要冲出边界。画面充满运动的力量。

5. 力场在版面中央

元素在画面中央位置，这样的元素往往会成为视觉的焦点。力场和重心在版面的中央，画面容易缺少活力，但是会增加版面的平衡感，给人稳定和谐的感觉。

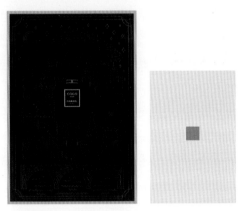

该平面广告中，版面中央黄色线条围成的矩形即是版面的中心，也是视觉的焦点。

6. 力场分散

元素排列在画面的四周，整个版面会充满向四周扩散的张力，同时四个圆点之间也会形成相互吸引的内在的力量，以达到一种视觉上的平衡。

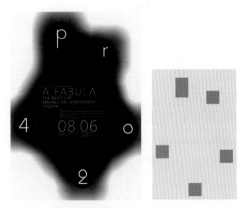

分散在版面四周的数字和字母之间形成了牵引力，让人感到一种向四周扩散同时又相互制约的力量。

7. 力场聚集

元素紧凑地排列在画面中央，使版面充满了向内的凝聚力和相互之间牵制又对抗的力量。

唱片封面中，四个扇形紧密地围绕版面中心排列在一起，元素之间形成了一种强烈的凝聚力，使视线聚焦在版面中心的图片上。

8. 力场膨胀

元素紧凑地排列在画面各部位，使版面充满了向内的凝聚力和相互牵制、对抗的力量，力场膨胀的画面视觉冲击力会比较强。

大面积的色块让画面有一种向四周膨胀的感觉。

9. 力场在版面的轴线上

如果我们把一个点放置在水平中轴、垂直中轴以及其结构线上，就会给人以稳定、舒服的感觉。

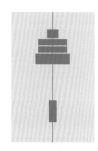

排在版面上方的文字，并没有给人向上漂的感觉，因为下面的图形很好地牵住了上面的文字。

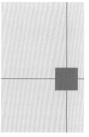

海报中潜在的视觉轴线把版面分割成大小不一的四个空间，具有较强的节奏感。

三、版面构图的视觉方向

在编排设计中，文字与图片的编排都存在某种方向的运动趋势，我们将其分为水平方向、垂直方向和倾斜方向。水平方向与视线左右运动方向一致，使人感到安详自在；垂直方向与视线上下的运动方向一致，使人联想到地球的重力；倾斜方向则充满了不稳定感。因此，在版式设计中，元素水平方向的编排，可以使版面显得冷静含蓄；而垂直和倾斜方向的编排，会使版面充满活力和动感，获得更高的关注度。在编排中适当地动静结合，动为主，静为辅，通过动静的对比关系营造版面中和谐的节奏感。

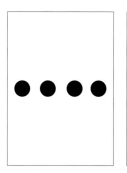
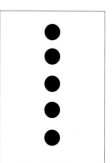
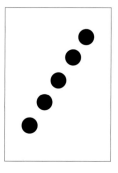

水平、垂直、倾斜方向的构图。

1. 水平方向的构图

水平方向的版面让人联想起平静的水面，画面会显得比较安静。

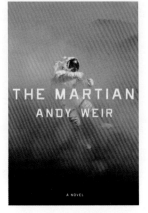

书籍《火星》的封面设计，横向排列的文字让人有一种悬浮在空中的感觉。

2. 垂直方向的构图

垂直方向的编排会在版面中产生一条潜在的引线，引导人们的视线自上而下在版面中运动，这样的构图会显得比较正式。

画面中垂直摆放的小龙虾，背上的文字由大而小，引导读者的视线逐渐向下移动。

3. 倾斜方向的构图

倾斜方向的构图可以有三种不同的形式，第一种是元素大小统一单向的倾斜排列，这种具有方向的版面编排会产生延伸的感觉；第二种是元素交叉倾斜排列，画面的平衡感会比较好，视觉焦点突出；第三种，元素由下而上越来越小，在平面中制造出具有纵深感的三维空间，且具有运动感。

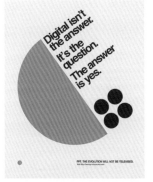

单个方向倾斜排列的文字，具有较强的方向性。

元素倾斜排列的交叉点字母"U"成为视觉的焦点，倾斜排列的文字增加了版面的动态感。

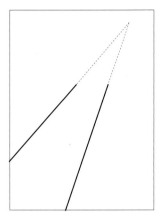
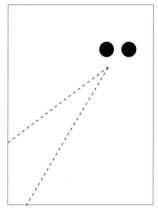
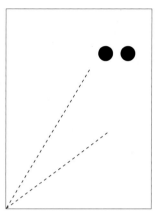

当两条线相汇，会形成视觉的"汇聚点"。如果两条线在汇聚之前停住，人们的视线会不自觉地沿着不存在的线继续向前，向"汇聚点"移动。

在编排设计中，两条线汇聚的方向一般会引向版面中较为重要的视觉中心。

如果引向边缘的次要位置，则容易分散主要内容的吸引力。

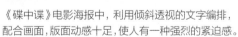

海报中带有透视的倾斜文字延续了版面中图片的空间与方向。

《碟中谍》电影海报中，利用倾斜透视的文字编排，配合画面，版面动感十足，使人有一种强烈的紧迫感。

第三节　格式塔原理

格式塔是德文"Gestalt"一词的音译，所以格式塔原理又称完形心理学。研究认为，人们的审美观对整体与和谐有一种基本的要求，因为视觉形象首先是作为统一的整体被认知，而后才以部分的形式被认知的。也就是说，人们先"看见"一个构图的整体，然后才"看见"组成这一整体的局部，简而言之就是人的大脑会将复杂的视觉内容简化为容易理解的整体。格式塔心理学中的接近原则、相似原则、闭合原则、简单原则在版式设计中经常被用到。

聚集在一起的文字自动形成一个视觉焦点，画面中有七个类别的内容。

人们在感知上一般会认为看到的是"3 组圆"，而不是"6"个圆。

一、接近原则

根据格式塔的接近原则，当各个视觉元素一个挨着一个，彼此靠得很近的时候，可以把这种状态进行归类。这种由于靠近而产生的亲密关系，无论对少量的视觉元素还是大量不同的视觉元素进行归类，都同样简单可行。接近原则是最简单，也是最常用的格式塔原理，因此在编排的时候把同类的信息元素靠近在一起，便于读者明确信息的归类。

二、相似原则

拥有相同视觉特征的元素会被认为是一个整体或者是同一组，这些视觉特征包括：形状、色彩、大小，或是拥有同样的视觉部分。利用相似原则可以帮助读者从含义上和空间上将信息分类。

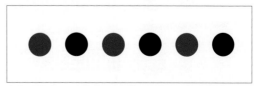

人们更倾向于看到"2 种圆"，而不是"6 个圆"。

1. 色彩的相似

0.789	1.634	0.525	0.347
0.146	0.375	0.865	0.431
1.375	0.275	0.353	0.433
0.754	0.106	0.901	1.473

0.789	1.634	0.525	0.347
0.146	0.375	0.865	0.431
1.375	0.275	0.353	0.433
0.754	0.106	0.901	1.473

下图中因为大于 1 的数字用红色强调出来，所以很快就被找到了。

在杂志内页的设计中，经常会通过添加文字背景颜色的办法来区分文章中的内容。

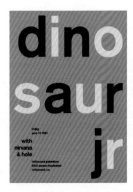

通过不同色彩分割版面信息。

2. 形状的相似

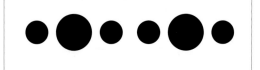

不同大小外形的圆，人们会潜意识地将大圆和小圆分别视为不同的组，并且大圆更加醒目，这样的编排方法多用来区分信息的重要程度。

字号的大小和外形变化体现了内容的主次关系。

三、闭合原则

由于人眼有自觉补充完整认知图形图像的功能，所以当人们看到一个有缺失的图形时，他们更倾向于通过心理的弥补让这个图形趋于完整，这种视知觉上的特殊现象，我们称之为闭合性。闭合性原理来源于人类的完型心理：把局部形象当作一个整体的形象来感知。

当人们的视线掠过一行文字的时候，是跳跃进行的，人们看到的不是单个字，也不是单个词语，而是文字某个部分的影像，通过这部分的文字影像，大脑会及时补上预期的内容，如果超出大脑的预期，大脑会促使眼睛回去核实预期是否正确无误。

四、简单原则

人们在观看事物时，眼、脑并不是在一开始就区分一个形象的各个组成部分，而是剔除多余的装饰，将各个部分的主体联合起来，使之成为一个更易于理解的简单的统一体。

尽管画面中文字缺失部分的笔画，但是我们依旧可以辨识出它们。

人的大脑有避繁趋简的能力，所以当我们看到复杂图形的时候，脑中会自动出现简化的几何形状。

利用闭合性原则完成的海报，具有很强的设计感。

在这样一张图中，人们首先感受到的是两个完整的圆形轮廓。

第四节 形式法则

一、对称与均衡

1. 对称

在画面中，良好的平衡关系是视觉美感的基本要求。平衡意味着稳定的状态，即通过视觉元素的位置、大小、比例、色彩，以及彼此之间的关系达到一种视觉稳定的状态。平衡关系包括两种形式：对称平衡和均衡平衡。

对称可以看作是以视觉上可见或不可见的版面中心轴线为分界，元素在轴线两边以同形同量的样式存在，也称为"镜式反映"形式。对称形式广泛存在于自然界中，一朵花、一片树叶等都是按照对称法则生长的，因此对称有一种和谐之美。

在现代版式设计中，对称形式是一种常用的形式，这种形式会给读者带来严谨、稳重、平和的美感。虽然对称的编排形式近似于完美，但也有其不足之处，过多地运用对称形式，会使人感到缺少变化、单调和呆滞。在编排设计中的对称形式有旋转、平移、镜像三种。

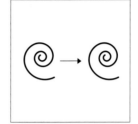

平移对称：以中轴线为轴心的水平或者垂直的移动对称。

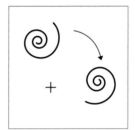

旋转对称：以对称点为圆心旋转 180°。

镜像对称：以中轴线为轴心的水平或者垂直的镜像对称。

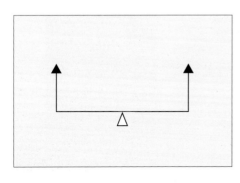

对称："天平"两边的元素形态绝对相同，力量完全一样，版面形成一种对峙状态。

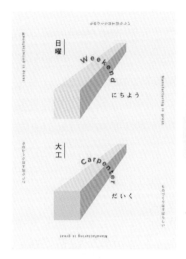

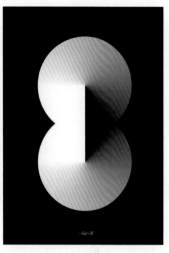

平移对称，画面会出现重复的效果，增加视觉趣味。

旋转对称，增加版面的节奏感和运动感，吸引眼球。

镜像对称又叫左右对称，是版式设计常用的技巧，类似欧洲古典主义版面形式，可传达一种严肃的情绪。

2. 均衡

均衡是指在视觉轴线两边的元素形状不同，但是保持量的对等，即同量不同形。如果将对称比作是一架天平，那么均衡就是一杆秤。当版面上两个元素的面积不等甚至差别很大，但是它们在量上却近似或者相等时，这个时候版面就处于均衡的状态。因此，在编排设计中，版面均衡比版面对称往往更灵活生动，更富于变化。

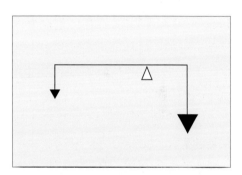

均衡："秤"两边的元素形态不相同，利用杠杆原理，可以使得版面呈现一种视觉上的力量对等的平衡状态。

在均衡编排中，可以通过视觉元素的位置、大小、方向等，达到画面整体的视觉平衡。

二、对比与调和

对比是指在两个或两个以上的元素之间形成质或量的差异，例如强弱对比、大小对比、明暗对比等，有时在同一版面构成中几种不同的对比方式可以同时存在，对比产生的反差可以突出画面的主体，形成版面的视觉中心。所以对比是版式设计中不可或缺的一种表现形式，也是获得良好视觉效果的一种有效手段。

常用的对比有以下几种。

●形象与形象的对比：元素之间大小、远近、疏密、曲直、虚实、明暗等的对比。

●形象与空间的对比：文字、图形的安排在版面中的留白关系，有正负、疏密、面积等的对比。

●色彩的对比：版面整体或局部的色彩明度、色相、纯度、冷暖、面积等的对比。

调和是指构成版面的各种视觉元素之间的和谐关系，当两个或两个以上的视觉元素同时存在时，通过调和可以使对比较强的视觉元素看上去更舒适有序，条理更清晰。因此，调和可看作是版面中视觉元素相互协调的方法。

在版式设计中，对比与调和都非常重要，对比可以增加版面的视觉效果，缺少一定的对比关系会令人感到枯燥和乏味，但是如果一味追求对比而不重视调和关系，则会容易使版面显得杂乱无章，丧失美感，因此，对比与调和是相互制约又共同存在的统一体。

视觉元素的疏密关系对比形成版面的视觉中心。

文字的大小对比可以建立比较清晰的版面阅读顺序。

红、白、黑的色彩对比可以获得较为强烈的版面视觉效果。

降低色彩的属性对比，让人感到安静舒适，增加了版面的视觉和谐。

在这个杂志内页中，图片为蓝色调，且大小一致，整个版面给人非常和谐的感觉。

三、节奏与韵律

节奏是一个音乐概念，版面的节奏是指将画面中的视觉元素按照一定的条理和秩序进行重复排列，既体现为等距离的连续，也表现为渐变，即大小、长短、明暗、形状、高低的排列构成，通过元素和元素之间、元素与空间之间产生密切的、连续的、合理的关联，带来一种视觉上的节奏感。而这种由节奏产生的视觉美感，可以增强版面的感染力，拓展版面的艺术表现力。

韵律是从节奏中升华而来的，是在节奏基础上的灵动。韵律不仅仅是简单的重复，而是赋予重复的元素以轻重缓急、抑扬顿挫的变化。在版面中，文字、图片、图形、空白和色彩通过大小、位置的变化和组合，有节奏地排列，当其符合某种律动时，就会产生韵律。韵律可以营造画面的气氛，引起读者的共鸣，为版面带来无穷魅力。

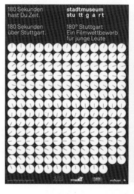

将同一个图形以不同的形态整齐地排列在统一的版面中，相似的图形重复出现，给人统一且富有变化的节奏感。

元素不规则的重复排列，使画面具有节奏变化。

圆点自上而下由小到大的渐变排列，增加画面活跃的气氛，具有节奏感。

在这幅音乐节的海报中，通过将文字由小到大、高低起伏地排列，使版面产生流动的韵律感。

巧妙地将同一个图形以不同的角度来排列，形成一种有韵律的波动，带给人欢快的情绪。

大面积留白，整个版面显得舒适、和谐。

恰当地留白会让正负空间中的视觉元素彼此之间产生相互关联。

四、留白与虚实

在版面中，文字、图片、色彩等元素所占的空间被称为正空间，而留白部分则称为负空间，正空间与负空间的关系也可以理解为虚实关系，虚与实互相挤压，使版面产生张力与流动感。

在版式设计中，留白指的是版面中未放置任何图文的空白空间，在某些版面中也指相对而言视觉效果较弱的文字、图片、色彩等。

留白的形状和位置是重要设计要素，由于它的衬托，使视觉重点得以有效集中，加强视觉效果。留白位置的调整及转移，往往会直接影响到意境和情调的变化与发展，起到衬托主题、高效传达信息的作用。因此在排版设计中，巧妙地留白可以更好地营造版面的空间层次，以集中读者的视线。

第五节 自由版式的版面形式

一、随意式

　　这种版面形式没有明确的规律，任由元素自由移动和排列，而不去刻意追求它们之间潜在的联系，版面空间也是自由划分，可松弛可紧凑，好似抽象画一样给人无限遐想。

二、拟态式

　　自然界的拟态是指模拟生物生存环境或者模拟生物的特点，在版式设计中，拟态是指通过将视觉元素进行自由组合来模拟某些事物的形态，表现该事物的机能和特征，传递有关信息和情感。

各个元素之间随意排列组合，画面动感明显。

男主角的阴影部分由字母组成。

元素沿着事先设计好的路径排列，画面趣味性会增加。

简单的线性随意式构图给人轻松愉悦的感觉。

三、版面分割

　　分割是一种常用的编排设计手法，把版面分割成不同大小的空间，这些占据独立空间的块面能够形成分量和气魄，使画面整体干净明了。这些大小不一的空间可以承载不同的内容，便于信息的归纳和认读。

　　分割的形式有两种，一种是有形的分割，即能够清楚地看到或直或曲的分割线，在面积、位置、方向、疏密上进行有条理、有秩序的分割；另一种是无形的分割，看不到分割线，由形象的组织排列或不同色彩关系自然形成块面，使画面既疏密有致，又富有变化，突出整体效果。

四、立体式

　　与平面相比，人的眼睛更容易被立体的事物所吸引。在二维平面中，运用线条、色彩、正负空间的变化将元素立体化，或运用透视造成远近变化，或为元素添加光感和阴影，实现平面中空间的拓展及纬度的转换，形成多维度空间，缔造奇妙的视觉境界。

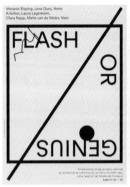

用线来分割画面，是一种有形的版面分割方式。

利用远近法来表现元素的空间感。

通过颜色来对版面进行倾斜分割。

将文字折叠，使画面呈现三维感。

通过颜色对版面进行多块面的分割。

五、轴线式

轴线式是自然界中常见的排列形式，例如叶脉和花瓣的排列等。轴线式编排将主要的视觉元素沿着一条隐藏的主轴线进行组织编排，也是最简单和最常见的版面形式之一。

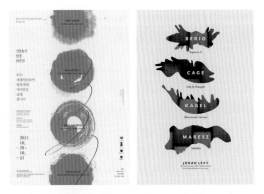

沿着中轴线排列，通过调整视觉元素的形状大小，使版面具有灵动感，避免单调。

第六节　常用版面技巧

一、重复与叠加

视觉元素在形状、大小、方向都一致的情况下，不断地重复排列，可以强化特定信息，形成视觉上的秩序感，产生安定、整齐、规律和统一的视觉效果。如果改变形状、大小、方向任一要素，可以增加画面的动感与空间的延展性。

但有时重复容易显得呆板，缺乏趣味性，因此，我们在编排的过程中可以在元素重复排列的基础上，加入一些交错与重叠，可以打破版面呆板、平淡的格局，增加画面的层次与空间厚度。

重复的文字可以加深人们的印象，增加版面趣味性。

文字与文字的叠加，可以丰富版面的空间感。

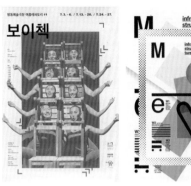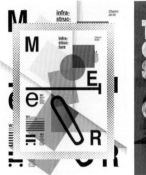

相似图片的重复与叠加，具有很强的视觉穿透力。　文字、图片与色彩的相互叠加，可以增加画面的层次感。

二、夸张与变形

元素夸张与变形是指有意识地加强或减弱元素某一部分外形，使之呈现出区别于常态的变化。这种变化。依据版面元素大小、方向、形状的不同来达到不同的效果，是一种打破常规的版面形式。这种违反秩序的形式是对旧秩序的一种突破，会使版面更活跃、更丰富、更有情趣，而变化的形象则在整个版面中最具动感、最引人注目，成为视觉焦点。

文字的夸张与变形是自由编排的常用技巧之一。　将版面中的单个或者多个视觉元素放大甚至超出版面四周，形成极度膨胀的视觉效果。

三、多方向排列

单个或者多个元素沿着预先设计好的路径，进行水平、垂直、倾斜、弯曲、环绕等多个方向排列，可以形成交叉、重叠等画面效果，形式丰富多样，充满动感和想象力。文字与文字、文字与图片、图片与图片之间相互冲撞，信息的阅读顺序也随之被改变，具有较强的趣味性。

文字按照旋转方向排列，版面视觉中心多为旋转的圆心，视线会被旋转式构图的中心点所吸引，这种构图也使版面具有强烈的膨胀感和运动感。

单个字母或者一段文字段落的多方向排列，元素之间可以形成微妙的关联，看似杂乱无章，实则协调统一。

元素的阶梯状排列会形成不规则的几何外形，这种排列方式会让画面呈现出明显的方向性与空间感。

视觉元素沿着版面边缘或者沿着矩形图片水平、垂直放置，排列成较为规则的形状。围合式排列使画面构图饱满，视觉焦点分散。

四、分散与聚合

　　将视觉元素拆分开，例如将词语拆分成单个字母、将整张图片分割成多个小块面图片等，这种元素的分散排列某种程度降低了信息的可读性，但是可以让空间分配统一、视觉构图均衡，传递一种平静的感觉。聚合多表现为将原本分散排列的元素通过线条、图形、色彩等相互连接，使得画面更加整体。

单个字母按照同一方向分散排列，降低了文字的可读性。

视觉元素分散排列，可读性减弱，趣味性加强。

将单词或字母元素拆分，满版排列，版面具有稳定性。

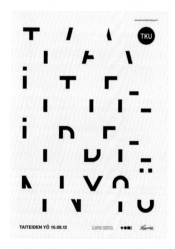

字母被拆解，形成新的视觉元素。

连接线经常用在英文的编排中，用以连接由较多字母组成的单词。

连接线可以使两个距离较远的单词产生关联。

五、色块与肌理

　　肌理一般指物体表面的条纹和纹理，可以反映物体的属性。色块与肌理是编排设计中常用的变量，能构成千姿百态的版面形式。将不同形状的色块作为视觉元素，通过叠加、置换、重合等手段，与文字和图片有效地融合在一起，画面更具表现力和感染力。

文字与色块叠加可方便信息的分组。　　文字与色块叠加可强化信息的传递。　　图片与色块叠加会增强表现力。

图片与色块叠加会改变图片的视觉形状。　　版面四周添加色彩，边框的颜色可以与文字相呼应。　　边框的颜色也可以采用对比色。

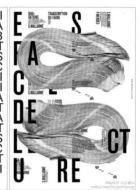

线条肌理可以让简单的画面具有丰富的视觉层次。　　不同材质的视觉肌理，能强化画面内容的属性。

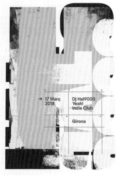

视觉肌理与色块、文字、图片之间的相互叠加，可以增加画面的艺术效果，引起视觉的兴奋。

　　自由编排注重彰显自由与个性，但是过于纯粹而散漫的自由式编排状态会导致信息传递混乱并降低阅读性，应尽量避免。在设计的过程中，除了根据主题选择恰当的视觉元素，还需要注重阅读的功能性，增加信息交流的层次与深度，同时结合阅读对象的具体需求，对相关的文字、图片、色彩进行有效设计，让读者在欣赏版面艺术的过程中，感受到自由编排带来的想象力和趣味性，从而与设计者产生共鸣。

在设计中合理地运用视觉肌理，可以增强画面的质感。

课题训练　自由版式设计练习

作业一：自由版式设计的基础编排练习

1.练习内容

对一首歌曲的歌词进行自由编排，呈现出多样的版面形式。

2.练习要求

任选一首歌曲，根据自由编排的基本设计知识，结合乐曲的节奏和韵律，对歌词进行自由排列组合，创造出新颖的版式，并且能够准确传达歌曲的意境。

作业案例：阶梯式

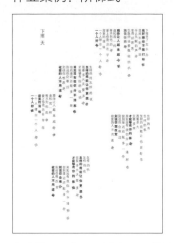

作业说明：《下雨天》运用竖排的方式来表现下雨天淅淅沥沥的雨水，字符就像下落的雨滴，形成一片片雨帘，左右摇摆，好像伤心得连重心都不稳了，自由落体，消失在地平线。一些重要句子的字体被加粗强调。

作业案例：随意式 1

作业说明：《牧羊姑娘》是一首意境悠远、怅然抒情的民谣。歌词以弧线为轴进行编排，体现自由的流动感，似白云漂浮，如溪流蜿蜒，若皮鞭轻舞，部分歌词自由散乱分布，如星星点点的羊群，呈现随意式版面效果，体现自然恬淡的氛围。

作业案例：随意式 2

作业说明：《小丑鱼》的旋律感很强，歌词又是以小丑鱼的视角来写的，因此整首歌词排成波浪式，中间还加了气泡点缀，歌名用了比较呆萌的字体与"丑"字相呼应，将歌曲中小丑鱼感情最丰富的部分突出。形式上采用了随意式版面，似乎表现出一种无奈感。

作业案例：拟态式 1

作业案例：拟态式 2

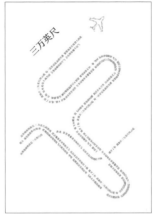

作业说明：《蝴蝶泉边》采用拟态的版面形式，将这首歌的歌词排列成了一个蝴蝶形状，不仅仅是呼应歌名，还把这首歌中那种美丽的意境表达了出来。

作业说明：《三万英尺》这首歌是迪克牛仔演唱的，深情励志。飞机正在缓慢爬升，飞离视线，远离地面接近三万英尺的距离，将歌词排列成类似飞机飞行轨道的形状，形式感较强。

作业案例：元素叠加 1

作业案例：元素叠加 2

作业说明：Mimimi 是俄罗斯知名三人女子组合 Serebro 推出的单曲，表达少女们在沙滩玩水嬉戏的欢愉。仅仅是巨大的红唇就可充分展现少女的性感与热情，也成了画面最深刻的记忆点。鲜艳的红色歌词和跳跃式的排列方式，传递热情洋溢的情感。为了增加冲击力，将标题放大置于红唇的后面，最后用一点黑灰色中和鲜红色带来的火爆感。

作业说明：Young For You 字体选用 Rosewood Std，笔触充满童真与玩乐感。画面编排上采用从左下角出发、向右上角延伸并逐渐变小的自由排列形式，字母大小不一，上下行细密错落、相互叠加，将红色 Young 与歌词相叠加，轻松愉悦的画面表现出年轻人的心声：随意自然、玩乐不羁。

作业案例：元素重复 1

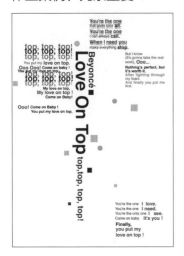

作业说明：Love On Top 以几何图形作为歌词排版的基本元素，色彩以灰色为主，搭配红、绿两色。选择十字架形式的构图来保证版式在视觉上的稳定性。字体的不断重复和叠加，以及字号的大小变化，再加上色彩的对比冲突，表现出旋律随着情感而不断升高的律动感。

作业案例：元素重复 2

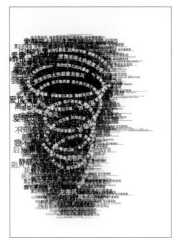

作业说明：《龙卷风》背景图案是将歌词不断地重复与叠加，形成一个黑色的底纹，从而突出歌词正文——一个龙卷风的样式，点明歌词主题《龙卷风》，寓意龙卷风带来的破坏力，把一切都卷走了。

作业案例：旋转式 1

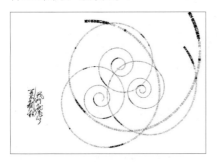

作业说明：《再不疯狂我们就老了》主题，螺旋上升的线条错乱交织在一起，像这首歌的旋律有波澜、有规律、有节奏。整体用白底黑字加红色印章的形式表现，象征了年轻人平静外表下都包裹着一颗火热炽烈的心，画面形式与内容统一，轻松生动。

作业案例：旋转式 2

作业说明：Love Runs Out 这首歌的节奏性很强，旋转式的形式好似从心底发出的一阵阵呐喊，一波未平一波又起，黑白渐变的颜色和逐渐缩小的圆圈给画面带来了强烈的节奏感。

作业案例：元素分散 1

作业案例：元素分散 2

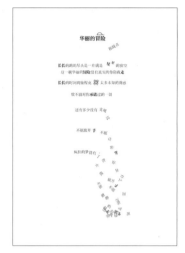

作业说明：《淘汰》歌词的内容和整首歌的基调比较悲伤，让人有种心碎的感觉，所以将歌词排版成一颗逐渐破碎的心形。

作业说明：《华丽的冒险》这首歌词的编排灵感主要来自于歌词本身的意义。例如"星星"两个字好像挂在空中闪烁的样子。用加粗的方式强调了一些重要的词语，最后"疯狂的梦"消散，字符散落一地，如同破碎了一般。

作业二：自由版式设计的主题性综合练习

1. 练习内容

根据给定的或自选的主题，进行图文结合的自由版面编排。

2. 练习要求

以"Destiny Revisited"展览为主题，运用给定的图文素材，结合所学的常用自由编排技巧，遵循自由编排设计的基本原则，分别进行海报、街旗、手册、CD 封面和票面的综合性自由版式设计。

3. 练习所用素材

图片素材（如下图）

扫二维码
下载大图

文字素材

标题：Destiny Revisited

展览者：Otto Nukel

展览时间：September~October

展览地点：Memorial Gallery, New York